JN319444

新 潮 文 庫

春の数えかた

日高敏隆著

新 潮 社 版

7632

目次

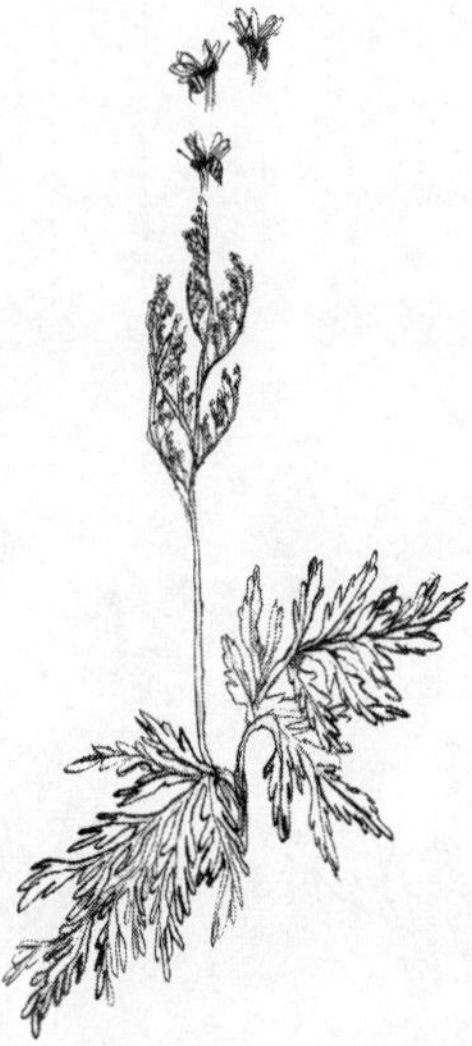

挿画　大野八生

春の数えかた

春を探しに

新年のことを新春というが、このことばは、子どものころのぼくにはどうしてもしっくりこなかった。

その理由はじつに単純であった。こんなに寒いのに何が春なんだ？　ということである。

ぼくが子どものころといえば、第二次大戦のまっ最中。もともと隙間《すきま》だらけで火鉢しかない日本家屋で、すべての物資が不足している状態では、正月は寒い。寒々とした飾りつけの正月用の部屋は、なおさらわびしい感じがする。けれどそこに置いてある新聞には、「新春を寿《ことほ》ぐ」などと大きな活字で書いてある。うそばっかり！　大人ってどうしてこんなうそを平気で信じられるんだろう？　子ども心にはそう思わざるを得なかった。

ぼくにとって春といえば、せめて三月。暖かくなって、庭に植えたチューリップの芽が出る。外へ出れば、明るい日射《ひざ》しの中を、小さな虫がキラキラ光りながら飛んでいる。捕えてみると、冬を越してきたマグソコガネだ。小さなチョウチョがちらりと姿をあらわす。ルリシジミだ。そんなのを見てはじめて、ぼくは春だと思えるのだった。

戦争が終わって、ぼくらの世界は広がった。クリスマス・カードなどというものも復活した。いや復活したというより、話にしか聞いていなかったクリスマスが現実のものとなり、ぼくらはそれに惹《ひ》きつけられた。

今から見ればずいぶん地味なものであったけれど、クリスマス・カードは色とりどりで華やかであった。筆で「新春」などと書かれた年賀状より、はるかに楽しかった。

クリスマス・カードには二つのタイプがある。キリストの生まれたときの様子を描いたものと、現実の場でのものとである。

ぼくは後者に興味をもった。ヨーロッパ風のものは、雪が積もっていたり、ヒイラギの赤い実が描いてあったりして、現実の冬を映している。そんなものがあまりポピュラーでないアメリカのは、赤いポインセチアが主流である。ポインセチアなどという植物をキリスト様が知っていたはずは絶対にないのだから、これはこっけいにも思えたが、とにかくその人々が現実に見ている世界を描いた、素直なものだと思った。「新春」とはまるでちがうなと思った。

日本にはどうしてこんなにうそや約束ごとが多いのだろうと、いささかうんざりして、ぼくは現実の春を探して歩くようになった。

それは意外に近いところにあった。

正月には無理だが、それでも道ばたの枯れ草の根本をちょっとはぐってみると、何とそこには新しい芽が生えてきているではないか。二月ごろ、寒さにふるえながら、郊外の池のほとりを歩いてみると、ハンノキの花があの独特な風情《ふぜい》でたくさん枝から下がっている。

植物だけではなくて、虫もいた。

そのころは東京でも、ちょっと郊外へいけば、あちこちに雑木林が残っていた。林の中を歩きまわっているうちに、ふと枯れ木にカワラタケがたくさん生えているのに気づく。サルノコシカケをうんと小さく扁《ひら》たくしたような、乾いたキノコである。キノコの表面には上から落ちてきた粉のようなものがたくさんついている。もしやと思って目をこらすと、いる、いる、キノコムシと呼ばれる小さな甲虫《こうちゅう》が二、三匹、キノコの裏を歩いている。

林の中に、一羽の小鳥が死んでいた。近づいてみると、またべつの小さな甲虫が十匹ほど、ぼくの気配に気づいたのか、小鳥の体の上をチョコチョコ走って逃げだした。

チビシデムシだった。その日はどんより曇った寒い日であったが、この小さな虫たちの元気なこと！　彼らにはもう春だったのだろう。

けれど、寒さをこらえながら春を感じるのはやっぱりむずかしい。ときには少し汗ばむくらい暖かくて、風も快く、心底から春だなあと思えるのはやはり四月になってからだ。

四月下旬の山すそは本当に楽しい。花はそこにもここにも惜しげもなく咲いている。種《しゅ》によって思い思いの形と色をしたそれらの花たちには、それぞれにお目当ての虫がいるのだろう。

歩いていくうちに、道は林の中へ入っていき、両側が崖《がけ》になったほの暗い場所になる。そのほの暗い地上に、突如として明るい点々が広がる。ネコノメソウの密生だ。

高さ一〇センチほどの小さな草であるネコノメソウは、少し暗くて水のしたたっているような崖の下に好んで生える。いちばんてっぺんの対生《たいせい》の葉は、緑ではなく明るい黄色である。一つの平面の中で向きあった明るい色の二枚の葉の間にはさまれて、暗色の小さな花がある。これを上から見ると、いかにもネコの目ということばがぴったりだ。

このネコの目はもちろん、何も見ていない。けれどそこにしばらく佇《たたず》んで、地上に広がるたくさんのネコの目を見ていると、そのネコたちの目もぼくをじっとみつめているような気がしてくる。

それはふしぎな感覚だった。ごく最近、植物に電極を差しこんで植物体の電流を記録していると、植物が人間のことばに反応して、電流の強さがいろいろに変わるというテレビを見た。そんなことがあるのかどうか、ぼくは知らない。ネコノメソウのネコの目がぼくを見ているなどということは、あくまでぼくの幻想にすぎない。けれど、動物も植物も、それぞれがそれぞれの論理で生きているということ、ネコノメソウがネコの目のような葉をつけることにも、ネコノメソウなりの理由があるのだということに、ぼくがおぼろげながら気づいたのは、このときであったような気がする。

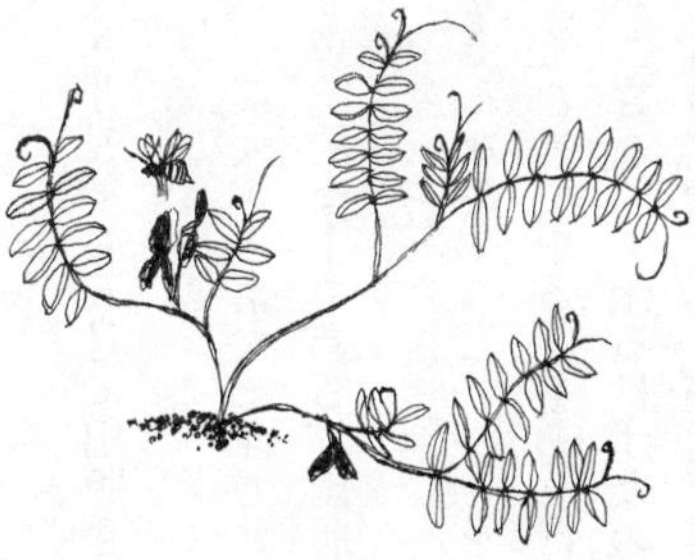

赤の女王

やっと『花の性』という本を読むことができた。一九九五年の五月に出版されてから、早く読みたいと思いながら、時間がなかったのである。

一見、小説を思わせるタイトルだが、小説ではない。京大から東大を経て九大へ移った矢原徹一氏が書いた植物の繁殖生態学の、かなり専門的な本である。出版社も東大出版会だ。

雄花と雌花をべつべつに咲かせる植物がある。なぜそんなややこしいことをしているのか。自花受粉を避けるためにさまざまなしくみをそなえている花もあれば、自花受粉ばかりしている花もある。雑種ができたら種子ができなくて困るはずなのに、雑種がどんどんできてしまう植物もある。そんな植物たちの繁殖戦略と花粉を媒介してくれる昆虫との関わりをつぶさに調べていく物語は、じつにおもしろかった。

ところで、ぼくがなぜこんな本を読みたかったかというと、話は何十年も前に遡《さかのぼ》る。

野山を歩くのが大好きなぼくは、昔からこれといったあてもなく虫や植物を見てたのしんでいた。コレクターの趣味はないから、どこへいってどのチョウを採るなどというわけではない。生えている植物、飛んだり歩いたりしている虫たち、それらを見るだけで満足なのである。

野山の一隅には、ある植物が一団となって生えていて、いっせいに花を咲かせていることもある。ときには野原一面がある植物の花ざかりだったりすることもある。そんな姿に見とれているうちに、ぼくにはふと疑問が湧《わ》いてきた。花ざかりの花たちは、ほとんどみな背丈が同じである。いいかえれば、みんな揃《そろ》った高さに花を咲かせているのだ。

これはいったいなぜなのだ？　ふとそんなことを考えてしまったのである。

植物図鑑をぱらぱらめくって、ゆきあたりばったりに読んでみると、どこにも同じようなことが書いてある。「何月ごろ、何センチぐらいの花茎を伸ばし、何色の花をつける」。そしてほんとにそうなっているのだ。

なぜ同じ種の植物は、みなきまった長さの花茎を伸ばして花をつけるのだろうか？　当り前といえばまったく当り前のことである。でも、なぜ花たちは思い思いの高さに咲かないのだろう？　そのほうがよっぽど美しいかもしれないのに。

ぼくは当時知っていた植物学の先生何人かに、このことをたずねてみた。

「さあ、なぜだろう、わからないね」

「それがその植物の特徴なんだよ」

「今の若い人って、へんなことをふしぎがるんだね」

返ってきた答はこのようなもので、ぼくの疑問はまったく解けずじまいだった。

ぼくは自分で結論を出すほかはなかった。これはやはり、ハチたちの便利を考えてのことだろう。同じ種の植物の花がみんな同じ高さに咲いていれば、蜜《みつ》を集めるハチたちも助かるにちがいない。ハチたちは同じ平面を飛んでまわれば、次々に花を見つけることができる。それは大変効率のいいことだ。

そして、それは花にとってみてもいいことのはずだ。なぜなら、ハチたちは同じ種類の花から花へと訪れるのだから、同じ種の植物の花粉を運んできてくれる。花が実を結ぶ上で、これも効率のいいことにちがいない。

だから植物たちは、同じ高さの花茎を伸ばし、同じ高さに花を咲かす。こうしてできた、たとえば「タンポポ平面」とか「ハルジョオン平面」の中をハチたちが飛びかって、効率よく蜜を集め、花たちは自分と同じ種の花粉を受粉される。きっとこういうことにちがいない。ぼくはそう考えた。

これを証明するにはどうしたらいいだろう？　花たちの中にも、何かの理由であまり花茎が伸びなかったものもある。自分たちの種の花の「平面」に達しえなかったそういう花は、受粉の効率が悪く、種子のできかたが少ないかもしれない。それを調べてみればいいはずだ。

ぼくは実際に少し調べてみた。印象としてはたしかにそのようであった。しかし、虫の行動の研究が忙しくて、そして大学の会議が忙しくて、本格的なことはできないまま、十数年が経《た》ってしまった。その間に、植物学・生態学も変わっていった。京大に移ってから、ぼくは大昔と同じ質問を何人かの研究者にまたしてみた。ぼくの推論もつけ加えて。

答はあっけないものだった。

「そうですよ。そうにきまってるじゃないですか」

「ほかの花より低いところに咲いている花の受粉率がずっと低いことは、もうよくわかってますよ」

花たちがただ美しい存在であった時代は過ぎ去った。『花の性』というこの本のタイトルが示しているとおり、花たちも性の闘いに必死である。どうやって虫たちに効率よく受粉させるか。受粉してもらうか、ではない。受粉させるか、なのである。さもないと、花たちの性は満たされないからだ。

けれど、なぜ「性」なんていうものがあるのだろう？　今、考えられているのは、「赤の女王」仮説である。

ルイス・キャロルの『鏡の国のアリス』で赤の女王がアリスにいう——「ここでは、同じ場所にいるためには、力の限り走らねばならぬのじゃ。どこかほかの所に行きたければ、少なくともその二倍の早さで走らなければならぬのじゃぞ！」（岡田忠軒訳）。

植物たちは、いや動物たちも、たえずさまざまな病原体の脅威にさらされている。うっかりしていたら、すぐ病気に冒されてしまう。それに対抗するには、病原体に抵抗力のある突然変異が生じたら、できるだけ早くそれをみんなに広めていくしかない。しかし、病原体もどんどん変異していく。変異した病原体に対抗するには、また新しい突然変異が必要だ。突然変異した遺伝子を早く広めるには、オスとメス、つまり性をつくって、繁殖の際に遺伝子を混ぜあわせるほかはない。

こうして植物も動物も、性に明け暮れることになった。そうやって彼らは、力の限り走りつづけているのである。

動物行動学《エソロジー》としてのファッション

ファッションは自己表現だ、とよくいわれる。ファッションは変身願望だ、ともいわれている。果たしてそうだろうか、という疑問をぼくは前々からもっていた。最新のファッションを身につけた若い女の子たち。テレビが彼女たちの姿を次々ととらえ、質問してゆく。「なぜ最新のファッションを着るのですか?」。答はいろいろである。「私を表現したいから」「自分を変えてみたいから」「今日のあたしを探ってみたいから」。

テレビは意地わるく追及する。「自分の何を表現したいのですか?」「ちがうファッションにすると、やっぱり自分が変わったと思いますか?」等々。問いつめられた末に彼女たちはたいていこういう。「結局は自己満足です」。自己満足。そうか、自己満足か。でも、自己満足って何だろう? 何に自己満足するのだろう? ぼくの疑問は解けなかった。去年の暮、ある機会に恵まれて、ぼくはこの問題をもう少し考えてみることにした。

ファッションは自分をより魅力的に見せるためにある。これには誰も異論はない。けれど、誰に、そして何のために？

ボーイ・フレンドに会う女の子が最新のファッションで着飾るのはわかる。でも、旦那《だんな》のいる奥さんがただ町中へ買いものに行くのにもおしゃれするのはなぜなのか？

身なりだけがすてきな男の子のことを、昔、ピーコック・ボーイといった。ピーコックとはクジャクのオスである。たしかにクジャクのオスは美しい。何のために？『クジャクの雄はなぜ美しい？』（長谷川眞理子著、紀伊國屋書店刊）という本に紹介されているとおり、それはメスに選ばれるためである。

クジャクのメスは、美しい尾羽を精一杯広げてゆらめかしているオスたちを何羽か見て歩き、その中でいちばん魅力的なオスを選んでそのオスと番《つが》うのだ。

どんなオスがメスにとって魅力的なのか？　クジャクのオスはみな同じようなもようの美しい尾羽をもっている。体の大きさや体格も、ましてや顔立ちもほとんど変わりがない。尾羽を広げて見せるだけだから、気立てのよさとか男らしさとかやさしさまではわからない。

だが、オスの尾羽の全体的なデザインはみな同じであるけれど、そこにちりばめられているキラキラ輝く目玉のようなもようの数が、一羽、一羽みなちがうのである。メスが最初に見たオスは、そのもようが一五二個だったとする。二番目は一五四個、三番目のオスは一五三個、四番目はぐっと多く一五八個、最後のオスは一五〇個しかなかったとしよう。するとメスは、四番目のオスのところへとって返し、このオスと番うのである。

ここには人間のファッションの本質にかかわる問題がいくつか含まれている。

第一。自分を魅力的に見せるのは、何よりもまず異性に対してであり、異性に選ばれるためであるということ。

人間以外の動物では、それぞれの個体が自分自身の血のつながった、つまり自分の遺伝子をもった子孫をできるだけたくさん後代に残そうと「願って」いる。これは今日の「利己的遺伝子」論からすれば常識である。それゆえにクジャクのオスは、できるだけたくさんのメスに選ばれるべく必死になっているのだ。

一方、クジャクのメスは、できるだけ丈夫なオスとの間に子をもうけたいと望んでいる。丈夫な子はたくさん孫をつくってくれるだろうからである。美しくて魅力的なオスほど丈夫なオスであるにちがいない。体の弱いオスは美しくはなれないだろうからだ。

オスとメスのこの「願望」がクジャクのオスの美しいファッションを生みだした。

人間ではクジャクとはちがって、自分を美しく見せようとするのはオスよりもはるかにメスである。それはクジャクが一夫多妻であるのに対し、人間は公式には一夫一妻だからである。どの動物でも、メスはいつも、オスの数ではなく、より良いオスを求めている。人間の女も無意識のうちに同じことをしているのだと考えれば、奥さんたちのおしゃれもファッションも理解できる。

第二。クジャクのオスたちはみな同じデザインの尾羽をもっている。これは大事なことである。他のクジャクと同じデザインの姿をしていることによって、自分がクジャクの一員であること、クジャクという鳥に帰属していること、を示さなければ、メスは相手にしてくれないだろう。

これは人間のファッションでも同じである。今年流行のファッションを身につけていなければ、流行おくれのださい奴《やつ》とみなされて、相手にされないおそれがある。

しかしメスに選ばれるためには、みんなとまったく同じであってはだめだ。どこかでちょっと抜きんでていなくてはならない。クジャクのオスの目玉もようの数がそれを示している。みんなと同じではならず、少なくてはますますだめ。一つでもいいから多くなくてはいけないのである。

けれど、あまりに多すぎてもまただめだ。目玉もようが千個もあって、尾羽全部が目玉もようで埋めつくされたクジャクのオスは、たぶん子孫を残すことはできないだろう。もはやメスたちからクジャクとは見なされなくなってしまうだろうからである。ある集団への帰属と、その中で目立つこと。これはクジャクの場合にも人間のファッションにも共通した要素である。これが次々と新しいモードを生みだし、アパレル産業を支えてきたことは、ジンメルその他によるモード論でいわれているとおりである。

しかし、モードの変転と個人がファッションを身にまとうことはちがう。そこには同性に対する攻撃性とか、あるいは逆に攻撃性の回避とか隠蔽《いんぺい》とかいった要素もあって、問題はなかなか複雑であるようにみえる。いわゆる自己満足もそれと関係があるだろう。ファッションはけっして、帰属と差異化だけの問題ではなさそうだ。

人間以外の多くの動物では、オスのほうが派手な「衣裳《いしょう》」をまとっている。動物たちは衣服を着るのでなく、体そのものが遺伝的な衣裳としてデザインされているので、人間の衣裳とはまったく異なるものではあるけれど、その果している機能は人間の衣裳と同じである。つまり、異性の注目をひき、異性に選ばれるためという機能である。

多くの動物ではメスがオスを選ぶから、必然的にオスが派手になるだけだ。

けれど、動物のオスたちのファッションにも、もう一つ別の機能がある。それが同性に対する攻撃性なのである。

北ヨーロッパや北アメリカのライチョウたちは、春から夏の繁殖期になると、オスたちはおそろしく派手な姿になることがかなり古くから知られていた（日本の高山にいるライチョウでも同じだということは、ごく最近になってわかってきた）。

たとえば、北アメリカの草原に棲《す》むセージライチョウは、香草セージを主な食物としているが、繁殖期になると、オスたちが一定の場所に集まってきて、何週間にもわたって競いあう。

オスたちのファッションは異様としかいえない。体重四キログラムもあるこの大型の鳥は、首のまわりに厚手のマフラーのような羽毛をもっている。そして相手のオスと向かいあってふんぞり返り、このマフラーと、太い刺《とげ》の輪のような尾羽を開いたり閉じたりしながら、奇声を発する。そして、マフラーにある、丸くて羽毛の生えていない、まるで女のおっぱいのような肉垂を思いきりふくらませて見せあう。

メスはオスのこの勇ましい姿に魅《ひ》かれるのだが、オスたちはまず互いのファッションで闘いあっているのだ。ファッションのすばらしさとそれに伴う気力で闘いに勝ちぬいたオスは、配偶センターと呼ばれる、勝者の占めるべき場所へ移動する。メスたちはこのセンターに群がってきて、その勝者と次々に番うのである。

日本のシカのファッションは角《つの》である。大きな角ほど攻撃性において勝ることは、角をつぎ足してやると、そのオスがオス同士の闘争に勝つことからみても明らかだ。シカたちはみな、角という同じデザインのファッションを身にまといながら、それぞれの角の大きさで競いあう。メスも角の大きさでオスを選ぶのだが、その前に角によるオス同士の闘いがあり、それがなわばりの獲得につながる。ファッションは異性に対する魅力であるとともに、同性に対する攻撃として機能しているのだ。

人間のファッションでもまったく同じである。誘惑すべき異性としていない女子大の卒業謝恩会に、女の子たちが美しく着飾ってくるのは、同性との闘いとしか考えられない。同性との闘いに勝てば自信もつき、異性への魅力も増すはずだ。

けれどふと疑問に感じたのは、ファッションの一つの流れであるコム・デ・ギャルソンのことだ。女っぽさをおさえて少年の雰囲気を出しているこのファッションは、異性への魅力という点でも、同性への攻撃性という点でも、機能的に劣るのではないか？

今、神戸市では、大震災のショックにもひるまず、市立ファッション美術館設立の計画が進められている。担当者の一人である百々徹《ももとおる》氏と話しているとき、このことに触れてみた。百々氏の答えはこうであった。

「コム・デ・ギャルソンは好む人と嫌う人にはっきり分かれます。好むのは、自分の女という性を隠したいと思っている人々です。そうでない人は、その逆のファッション、たとえばボディーコンシャスを選びます」

これでよくわかったような気がした。魚でもそういうことがある。

たとえばブルーギルという魚がそうだ。この魚ではメスは大きなオスを選んでペアとなり、繁殖する。小さいオスはメスに選ばれないから、子孫を残せない。けれど、ブルーギルには小さなオスがいつもいる。それは栄養が悪くて大きくなれなかったというわけではなく、遺伝的に小型なのだ。小さいオスはメスに選ばれないから子孫を残せず、したがって消滅してしまっているはずなのに、これはなぜだろう？

カナダの動物行動学者マート・グロスが調べてみたら、こういうことがわかった。遺伝的に小型のオスは、メスと同じくらいの大きさをしている。しかも、体型や色あいもメスによく似ている。そこでこの小型のオスは、メスと大きなオスのペアに平気で近づいてゆく。メスに似ているから、大きなオスはあまり警戒しない。といって、あまりメスっぽくはないので、メスのほうも攻撃的にならない。そんなこんなしているうちに、この小型オスは、メスが産んだ卵塊の一隅に、さっと自分の精子をかけ、授精していってしまうのである。

まさにコム・デ・ギャルソンではないか。ファッションに関しては人間と魚ではオス・メスの立場が逆だから、魚ではコム・デ・ギャルソンでなく、コム・デ・フィーユになっているだけだ。

コム・デ・ギャルソンをまとって女の性を隠した女は、あまり他の女の攻撃性をかきたてずに男に近づけるであろう。そうやって男に近づいたコム・デ・ギャルソンは、男のすぐ近くでさっと本来の性を見せる。これはかなり有効な戦略かもしれない。

つまり、女たちのいう「自己満足」とは、じつはきわめて複雑なものなのだ。まず異性に魅力的だと思われなければならない。他の女とは一段ちがっていてほしい。といって、ある集団への帰属は必要である。それは一つには会社、学校その他の集団への帰属、もう一つはやはり流行の先端をゆく集団への帰属である。そしてその中で一段目立たなくてはならないのだ。それと同時に攻撃性。同性との闘いには勝たねばならぬ。しかし、あまりに他の女の攻撃性をかきたてては困る。これらすべてがうまくいったとき、女は自己満足するのだろう。

ボディーガードを呼ぶ植物

このところ、ぼくらの学界でおもしろいことが話題になっている。それは、ボディーガードを呼び寄せる植物の話である。

ダニというと、イヌやウシにつく大きな丸いダニや、いわゆるハウスダストにまじっている小さなダニのことを思いだすだろうが、じつは植物の葉につくダニもたくさんいるのである。

ハダニと総称されるこのダニたちは、体長が一ミリメートルの半分か三分の一。ごく小さなダニである。彼らはいろいろな植物の葉裏をすばしこく走りまわり、口吻《こうふん》をつっこんで葉の汁を吸う。ハダニがたくさんつくと、葉はちぢれて、枯れてしまう。するとダニたちは、まだ元気な葉にどんどん移っては葉を枯らしていく。ハダニの繁殖は早いので、そのままだと、早晩その植物の葉はほとんどすべて枯れてしまい、植物は危機に陥ることになる。

ところが、十年ほど前、オランダの研究者たちによって、そのような状況に立ち至った植物はボディーガードを呼び寄せ、それにハダニを退治してもらって危機を逃れるということが明らかになった。

このボディーガードとはチリカブリダニとよばれる肉食性のダニである。チリカブリダニにもたくさん種類があるが、いずれもハダニと同じ程度の大きさのダニで、やはり植物の葉裏を走りまわっている。ただしチリカブリダニたちは、葉の汁を吸ったりしない。彼らの食べものは、同じくダニの仲間であるハダニたちである。彼らはハダニをみつけて襲い、つかまえてその体に口吻を突きさし、体液を吸いとって殺してしまう。チリカブリダニの大群に襲われたら、ハダニはひとたまりもない。たちまちにしてやられてしまう。

一方、チリカブリダニのほうは、餌《えさ》であるハダニはいないかと、植物の葉っぱから葉っぱへ走りまわる。ハダニの群をみつけたら、そこで次々にハダニを食べはじめる。こうして、ハダニのたくさんついた葉には、まもなくチリカブリダニが次々にやってきて、ハダニをやっつけはじめる。

このことはかなり昔からわかっていて、農林業にとって、ハダニは悪いダニ、チリカブリダニはその天敵である良いダニ、ということになっていた。そして、チリカブリダニは自分たちの獲物であるハダニにひきつけられ、ハダニのたくさんいるところに集まってくるのだ、と考えられていた。

ところが、この研究者たちは、ハダニにとりつかれた植物が、SOS信号を発して、チリカブリダニを呼ぶのだ、というのである。

ハダニにとりつかれて弱った葉は、ある物質を作りだす。その物質の匂《にお》いがチリカブリダニをひきつける。その結果、ハダニにひどくやられた植物には、たくさんのチリカブリダニがかけつけてくる。チリカブリダニたちは獲物にありつき、結果的にその植物は救われる。自分が呼び寄せたボディーガードつまりチリカブリダニがハダニをやっつけてくれるからだ。

この研究者たちは、ハダニのたくさんついた植物が、ハダニのついていない植物からは見つからない数種類の物質を作りはじめることを確認した。これらの物質が、植物のSOS信号なのである。この信号を受けとったチリカブリダニたちが、SOSを発している植物にかけつけてくるのだろう。

「ボディーガードを呼ぶ植物」というこの研究は、たちまちにして有名になり、人々の関心をひくようになった。ぼくもこれにはびっくりした。植物もなかなかやるではないか！

ボディーガードを呼び寄せるSOS信号は、要するに植物の悲鳴である。ハダニにたくさんたかられた植物は、これはかなわないと悲鳴をあげるのだ。

ただし、植物の悲鳴は声ではなくて物質である。この数種の物質を化学的に作って、植物が出しているような割合で混ぜあわせ、ハダニなどついていない葉にそれをぬっておくと、まもなくチリカブリダニたちがかけつけてくることも証明されている。

この話はさらに広がった。ある植物がこの物質を出していることを、近くに生えている別の植物も知っている。つまりハダニにたかられた植物の悲鳴を、近くの植物が「立ち聞き」する、というのである。そしてまもなく自分にも移ってくるであろうハダニたちから自分の身を守るために、自分も悲鳴をあげて、あらかじめボディーガードのチリカブリダニを呼んでおくのではないか。これも実験によって証明されている。オランダ留学中、この研究グループの主要メンバーだった京都大学農学部の高林純示助教授(現・京大生態学研究センター教授)は、この話に一つの疑問を感じた。つまり、これはたしかに植物にとっては大変うまくできた話である。しかし、ハダニにとってはどうなのか。植物の悲鳴がハダニたちの恐ろしい天敵であるチリカブリダニを呼び寄せてしまうのは、ハダニにとってはきわめて都合の悪いことではないか。

ハダニにしてみれば、何とかして植物に悲鳴をあげさせないようにするべきだろう。けれど、ハダニはそうはしていない。むざむざ自分たちの損になるような事態に、手をこまねいているのだろうか？

高林助教授たちは考えた。もしかしたら、ハダニたちも「立ち聞き」をしているのかもしれない、と。

ハダニたちが殖えていくと、植物の葉は枯れはじめ、食物源としては劣化していく。そうなったら彼らは、他の、まだ元気な植物に移っていかねばならない。そのとき、もうすでに他のハダニたちにやられて枯れはじめている植物に移っても意味がない。他のハダニがとりついていない、とりついていてもまだ数がそれほどたくさんにはなっていない植物をみつけねばならない。

そのとき、植物があげる悲鳴はとても助けになる。悲鳴をあげている植物は避けて、そうではない植物に移っていけば、簡単に目的を達することができるからだ。

もしそうなら、植物の「悲鳴物質」は、チリカブリダニをひきつけるのとは反対に、ハダニたちには嫌われるはずだ。

高林研究室は早速その実験をしてみた。三月末の学会の発表によると、ハダニたちは悲鳴物質を嫌いもせず、といってそれにひきつけられることもなかった。生きものたちの世界はもっと複雑にできているらしい。

カタクリとギフチョウ

今年（一九九六年）の春は寒かった、花も十日以上おくれたなどといわれながら、結局、サクラは各地でいつものように美しい花を咲かせた。

そろそろサクラも終わりかなというころには、そこここでタンポポが咲きはじめた。ぼくが学長を務める滋賀県立大学のある彦根では、お城の濠端《ほりばた》の斜面は一面にタンポポの花ざかり。空き地に咲く菜の花も加わって、ああ、春だなあとしみじみ思ったことであった。

季節がめぐってくると、そのときどきの花が咲き、チョウが舞い、鳥が歌う。当たり前のことのようにも思うけれど、人はそこに大自然の力、自然のふしぎを感じないではいられない。とくに、寒い冬が次第に遠のいていってついに春がきたときはなおさらである。

なぜ自然はこんなにうまくめぐっているのだろうか？　生物学者にとっては当然興味をそそられる問題だ。

今年は寒かったからサクラの開花はかなりおくれたが、暖い年にはふだんより早く花が咲く。だから、寒い、暖いが開花の時期をきめていることは確かである。

けれどサクラは、冬の間からつぼみがふくらんでくる。その時期にはまだ寒いから、つぼみのふくらみは暖さによるものではない。そもそも暖くなってからつぼみをふくらませ始めたのでは間に合わない。

じつはサクラが花の芽を作るのは、前年の夏である。このときにもう、来年の花が作られはじめているのである。サクラの花は暑い夏に作られて、寒いときにふくらみ、暖くなって開くのだ。その丹念な用意周到さ！

いずれにせよ、植物はちゃんと季節を知っている。そして、一年のきまった時期に花を咲かすよう、厳密なタイム・スケジュールが組まれている。

昆虫にしても同じである。サクラはいわゆる狂い咲きをべつにすれば、一年に一回しか花を開かない。同じように、一年に一回しかあらわれないチョウもいる。

新聞などで「春の女神」と讃《たた》えられるギフチョウもその一つである。学術的には名《な》和靖《わやすし》氏によって初めて採集された岐阜県に因《ちな》んで、ギフチョウと呼ばれてきたこのチョウは、日本のあちこちの山麓《さんろく》地帯に棲《す》んでいる。土地によって異なるが、その土地の春、四月から五月にかけて、その美しい姿を見せる。それはちょうど、カタクリという草が可憐《かれん》な花を咲かせる季節であり、カタクリの花の蜜《みつ》を吸うギフチョウの姿は、春の美しい象徴として、しばしば写真に登場する。ギフチョウが姿をあらわすのも一年に一回、カタクリが花を咲かすのも一年に一回。しかもその土地、土地でこの二つはぴったり合っている。

ぼくは昔、ギフチョウがなぜこの時期にチョウになるのか調べてみたことがあった。もう三十年ほど前、農工大の助教授時代のことである。

東京近郊では、ギフチョウは四月の末には、雑木林の林床に生えるカンアオイという草の葉裏に卵を産む。十日もすると、卵から幼虫が孵《かえ》る。美しい親のチョウからは想像もつかない、まっ黒い毛の生えた毛虫である。

幼虫はカンアオイの葉を食べて育ち、六月の終わりにはサナギになる。どういう場所でサナギになるかがわかったのはほんの一、二年前のことであるが、それについては別の機会に譲るとして、とにかくこのサナギは七月、八月、九月、十月、十一月、十二月、一月、二月、三月と九か月かけて、翌年の四月にチョウになるのである。

この九か月という長い間、サナギはいったいなにをしているのか？　ぼくらはそれをどうしても知りたかった。「ぼくら」というのは、当時農工大の四年生だった石塚祺法《よしのり》君と坂神泰輔《やすすけ》君、それにぼくの三人だった。

美しいギフチョウの標本が欲しいので、ギフチョウの幼虫を飼育する人はたくさんいる。そういう人々の中には、十二月ごろサナギを割ってみると、サナギの中にもうちゃんとチョウの形ができていることを知っていた人もいた。

これは、同じようにサナギで冬を越して、春、チョウになるアゲハチョウとは決定的にちがう。アゲハチョウのサナギの中にチョウの形ができてくるのは、四月、冬の寒さが終わって暖くなってからなのだ。

そこでぼくらは考えた。ギフチョウのサナギは暑いと眠っていて、秋、涼しくなったらチョウの形ができ始めるのではないか？

それを試してみるのは大変だった。冷蔵庫なら大学にもある。でも冷蔵庫では冷えすぎだ。クーラーなんかない時代に、真夏を涼しくするために、一日じゅう水を流しておく装置を作った。装置が故障して建物じゅうが水浸しになり、さんざん叱《しか》られたこともあった。

でも結果は大成功だった。七月、八月を暑さにあてず、涼しくしておいたギフチョウのサナギを八月末に解剖してみたら、ちゃんと中にチョウの体ができ始めていたのだった。

秋、十月の半ばも過ぎたころ、サナギの中につくられ始めたチョウの体が、寒い冬の間にゆっくりゆっくりでき上っていき、三月末の暖さで一気にチョウになる、というのが、その時のぼくらの結論だった。

けれど、それから二十年ほど後、京大で、ぼくの研究室の大学院生だった石井実君(現・大阪府立大教授)が、この結論に疑問をもった。そして、冬に入るころサナギの中でほぼでき上ったチョウは、今度は冬の眠りに入り、春の暖さでその眠りからさめてチョウになるのだということを証明した。

カタクリの花はどうしてギフチョウと同じ時期に咲くのだろう? 昆虫と植物でしくみが同じだなどとは考えられない。けれど、どの年にも、ギフチョウがあらわれるとき、カタクリの花も咲くのである。

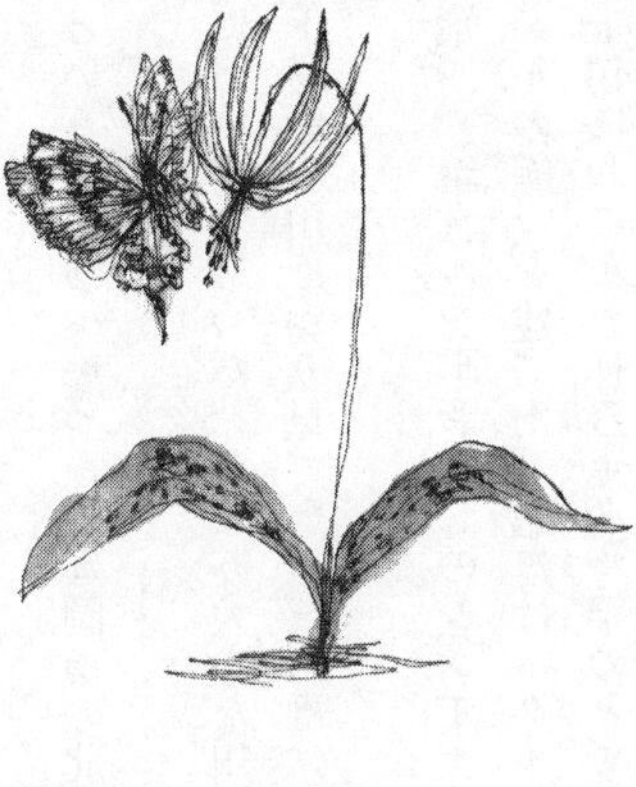

ホタル

六月の八日から九日にかけて、宮崎県の北川町というところへいった。延岡《のべおか》市の北隣りにあたる町である。

町のほぼ中央を南に向かって流れる北川は、実にいい川であった。かなり大きな川なのに、川岸はほとんど自然のまま。コンクリート護岸の川ばかり見ているぼくは、つくづく「幸せな川」だなと思った。

この北川には昔からたくさんのゲンジボタルが飛ぶ。ホタルを町おこしのシンボルにしている北川町では、二、三年前、川端に「ホタルの館《やかた》」を建てた。館にはホタルについての展示が並んでいる。そして、毎年六月上旬におこなわれるホタル祭のときは、たくさんの人がこの館を訪ね、夜になると、ここから北川沿いのホタルを見にでかけていく。

今年はここで北川町と日本ホタルの会の共催で、ホタル研修会が開かれた。近ごろ各地でとみに盛んになってきた「わが町にホタルを呼び戻す」運動に参加しているボランティアの人々が、ホタルの生活や習性について学び、ホタルを育てるにはどうするか、ホタルを呼び戻すには川をどのように保ったらよいかなどを知るのである。研修会は年一回か二回、いろいろな場所で開かれてきたが、今年は北川町からの熱心なお誘いで、この地で開かれることになった。

ぼくは日本ホタルの会の会長として、副会長の矢島稔さん、事務局長の大場信義さん（横須賀市自然博物館）、それに事務局の圓谷《つぶらや》哲男さんや日本ホタルの会の若手研究員たちと、この研修会に加わったのである。

畳敷の研修室で話をするのは、ぼくには大変苦手なのだが、参加者たちの熱意に支えられて、日本ホタルの会が「人里《ひとざと》」をつくるのを目指していること、人里とは、人間が人間の論理で生活し、いろいろな活動をしているが、けっして自然の論理を潰《つぶ》しきってしまわずに、自然の論理と人間の論理がたえずせめぎあっているような場所であること、ホタルはそのような人里の象徴であって、けっしてホタルだけが大切なのではないこと、そして人里ではいろいろな生きものがそれぞれの論理で、虫の一匹、一匹、草の一本、一本がおのおのきわめて利己的に生きていること、「共生」とはこのような利己と利己のせめぎ合いの上にはじめて成り立つものなのではないかということ、などを語った。

矢島さんは上野動物園での例をひきながら、生きものに関わるボランティアとはいかなるものか、ボランティア活動で大切なものは何か、という重要な問題を論じてくれた。

大場さんはいろいろなホタルの話をした。ホタルといえばきれいな水、と誰しも思うだろうが、実は幼虫が水の中で育つゲンジボタルやヘイケボタルは、ホタルの中では例外中の例外なのである。大場さんたちの研究で、沖縄や台湾に、幼虫が水の中に棲《す》むホタルが最近発見されたけれど、日本をはじめ世界のホタルのほとんどすべては、幼虫は陸上に生活し、カタツムリのような陸上の貝を食べている。中にはムカデに近い動物であるヤスデを食べるホタルさえいる。

メスがほとんど幼虫のままの姿をしていて翅《はね》がなく、地上をごそごそ歩いているホタルもたくさんある。夜になれば光るが、たとえ光ってもその姿を見たら誰もホタルとは思うまい。熱帯にいるこのようなホタルのメスは巨大で、長さが五センチほどもある。ぼくがかつてボルネオで見たものは、まさに怪物であった。こんな怪物のようなメスの腹の先端の光にひかれて、体長一センチもない、しかし翅の生えたオスが飛んできて、メスのしっぽの先にチョコンととまり、交尾する。ぼくらがもっている「ホタル」のイメージとはまるでかけ離れている。

二日にわたった研修会は終わった。夕食後、暗くなるのを待ちかねるように、ぼくらはホタルを見に出かけた。昔はホタルがたくさん出たというホタルの館の近くは、ホタルの館やそれに連なる川舟の館、町民体育館をつくるために林を伐採してしまったので、今はもうホタルはいない。ぼくらは車で上流に向かった。

行くことしばし、車は川岸でとまった。ホタルを見にきた人々の車が、次々にやってくる。宮崎県内からきた人、大分からきた人、みなホタルの姿を求めてきた人々である。宮崎なら、九州ならどこにでもホタルがいるわけではないのだ。

あたりは次第に暗くなってくる。幸せな川はコンクリートの護岸もなく、ぼくらは水がひたひた波打っている岸辺に立っている。もう暗くなった向う岸の木々の合間で、心なしか何かが光りだした。

「光りはじめましたよ！」と大場さんが叫ぶ。チカチカと明滅する光がたちまちにして数を増してきて、対岸の林は数限りない光点にちりばめられた。

光点は二秒ぐらい光っては消える。はじめはばらばらに明滅していた光点が、次第に同調してくる。そのうちに、何千という光点が、ほとんど同調してチカーと光り、さっと消える。ゲンジボタルの特徴である同時発光だ。互いに他の個体の光を見ながら、自分の発光を調節していくのである。

光っているのはすべてオスである。やがてオスたちは同時発光しながら飛びはじめる。何千、いや何万という光の、静かな乱舞。夢のような光景である。オスたちの光を見てメスも光る。その光を目にしたオスはメスのところへ飛んでゆく。

北川がこのように幸せな川に保たれてきたのは、もちろん偶然ではなかった。開発、生産性向上、経済振興が唯一《ゆいいつ》の目標であった二十年ほど前、人口わずか五千人の北川町は、杉の植林を考えた。豊かな雑木の森の一部は伐採され、杉が植えられた。しかし、心ある人々はその時流には乗らなかった。森はそのままでよい、山は今のまま残しておけ。その人々がどこまで今の北川町をイメージしていたのか、ぼくにはわからない。しかし、とにかく京都の北山のような杉林にはならなかった。

ホタルが明滅しながら幻想的に飛んでいる向う岸の山の上のほうは一部が杉林だった。けれど川岸をおおっているのは雑木の森であった。

一緒にホタルを見ていた北川町の助役さんはいった――「二十年もしたら杉は高く売れるぞ、そのころはこういわれた。二十年経《た》った今、杉はまったく売れません」

夏のコオロギ

虫の音とか虫の声といえば、秋のものにきまっている。けれどぼくは、それはまったく間違っていることを知った。

今からもう三十年、いや四十年前のことだ。東大動物学の大学院生であったぼくは、昆虫のホルモンの研究をしていた。アゲハチョウのサナギはみごとに周囲の色に適応した保護色になっているが、そのような保護色になるにはホルモンが関係しているらしいことに気づき、そのホルモンがどこからどのようなときに分泌《ぶんぴつ》されるのかを調べるのに夢中になっていたのである。

それには、サナギになる前の幼虫に手術をして、ホルモンを分泌していると思われる臓器を取ってしまうとか、あるいは逆にその臓器を移植してみるとかする必要がある。もちろんこれは、かんたんにできる手術ではない。

東大の指導教授である竹脇潔先生のはからいで、ぼくは、当時、信州松本の片倉蚕業研究所で所長をしていらした福田宗一先生の下で、カイコの手術を勉強することになった。

カイコは繭《まゆ》を紡《つむ》いでサナギになったり、ガになったりするが、それがカイコの胸のところにある前胸腺《ぜんきょうせん》という小さな臓器から分泌される前胸腺ホルモンと呼ばれるホルモンによるものであることを、福田先生が世界で初めて明らかにしたのである。

この発見がなされたのも、その論文が出版されたのも、第二次大戦中、しかも日本が世界から完全に孤立していた戦争末期であった。先生の大発見は何年かの間、世界に知られることがなかった。やっと一九四六年になって、アメリカのウィリアムズというハーヴァードの教授が、自分の研究の行きづまりを打開しようとしていろいろな文献を調べているとき、偶然、図書室の隅に眠っていた福田先生の論文に出会った。「私は本当にびっくりした！」とウィリアムズは語っている。これで彼の研究は一気に進み、前胸腺の変態ホルモン分泌をひきおこす脳ホルモンの発見に至った。それと一緒に、「前胸腺のフクダ」も一挙に世界に知られることになった。

その福田先生の下で教わるのである。まだ二十三、四歳だったぼくは、それこそ胸をときめかせて松本に赴いた。

片倉蚕業研究所は、松本駅から今の信州大学理学部にいく途中にある。今はもうなくなってしまった路面電車の松本電鉄が、本通りから左へ曲って浅間温泉へと向かうその曲がり角に建っていた。木造二階建ての、なかなかモダンな趣きのあるのが本館だった。うれしいことに、この研究所は片倉生物科学研究所とかいう名前に変わって、今もほとんど当時のままに残っている。

本館の一階に所長室があった。そこで福田先生は毎日朝早くから深夜まで、カイコの手術と取り組んでいた。

ぼくは先生と一つおいた隣の机をもらい、先生から手術のやり方を手をとるようにして教えていただいた。「脳をとるのはむずかしいから、まず食道下神経節からいこう。カイコを麻酔して、こう仰向けにおく。それからこのメスであごの下をこう切って……」。

小さなカイコの手術をするのは大変だ。顕微鏡の下で練習しているうちに、ぼくはたちまち食欲がなくなり、つづいて下痢がはじまった。

しかし、ひと月もしないうちに、ぼくは食道下神経節はもちろん、他の小さな神経節でも、脳でも、そして一番難物だったアラタ体という微小な臓器まで、ほとんど的確に摘出することができるようになった。こんな手術ができるのは、福田先生とぼくしかいないと思うと、ぼくは誇らしかった。

手術の腕を認めてもらって、ぼくは福田先生の研究のお手伝いをすることになった。

福田先生の隣の机にいる若くて可愛《かわい》い助手の新田節子さんが、カイコをきちんと麻酔して、先生とぼくに渡してくれる。手術は毎日、深夜までつづいた。手術されたたくさんのカイコは、研究所の中の蚕室に運ばれ、そこで丁寧に飼育されて、実験の結果を待つ。

手術にも慣れてゆとりがでてきた。新田さんが麻酔してカイコを渡してくれるのを待つ何分かの間、明け放った窓の外から、涼気とともに虫の声が聞こえてくる。

部屋の外はちょっとした植え込みのようになっており、何本かの木の下には夏草が茂っている。虫たちはそこで鳴いている。

何十匹の虫がいたことだろう。カシャカシャ、コロコロ、リーリー、キチキチ、シャシャシャ、それこそありとあらゆる鳴き声がいりまじって、それはにぎやかなことであった。

季節は七月の半ば。秋に鳴くのとはまったくちがう虫たちだ。コロコロリーと鳴くコオロギや、ヒュルヒュルヒュルと鳴くエンマコオロギの声はない。キリギリスの声もカンタンの声も聞こえない。もちろんマツムシもスズムシもいない。「秋の夜長を鳴きとおす」と歌にある典型的な鳴く虫とは全然ちがう虫たちだった。

毎晩、毎晩、虫たちは懸命に鳴いていた。それは虫たちが必死になって雌を呼ぶ、学術的には「セレナーデ」といわれている声であった。さまざまな虫のさまざまなセレナーデがいりまじったにぎやかさに、ほんとうはその間に聞こえるはずのライバル・ソングはかき消されてしまっていたらしい。ライバル・ソングとはいうまでもなく、近づいてきた同種のオスを追い払う鋭い鳴き声である。

手術はほとんど七月いっぱいつづいた。虫たちの声も、毎晩止《や》むことがなかった。窓の外から聞こえてくるカシャカシャ、リーリーという声は、日増しににぎやかになっていくようであった。ああやって毎晩必死に鳴いていて、果たして雌はくるのだろうか？　隣の机の可愛らしい助手にそこはかとなく恋心をおぼえはじめていたぼくには、この虫たちの声がひとしお心に沁《し》みた。

八月の末、ぼくはふたたび研究所を訪れた。松本はもう秋の気配だった。窓の外からは、ときおりコオロギの声が聞こえてくるだけだった。

植物と虫の闘い

道端の木にヤマノイモのつるがからまっている。ムカゴを探してみたいところだが、さすがにまだ夏。ムカゴはついていない。つるを辿《たど》って目を移していくと、細長いハート形の葉が次々に並んでいる。そんな中の一枚には、ハート形のまん中あたりに小さな葉のかけらがくっついている。よく見ると、このかけらは、葉にしっかりと糸でくくりつけられているではないか。

これはダイミョウセセリというセセリチョウの幼虫のしわざである。幼虫は身をかくすために、自分が食べものにしているヤマノイモの葉を切って葉っぱの上に置き、何か所かを絹糸で止める。そして昼はその中にかくれ、夜出て葉を食べるのである。

同じように、幼虫が自分の食べる葉っぱに細工をしてかくれがを作るチョウがいる。カナムグラというつる草を食べるキタテハというチョウである。このチョウもダイミョウセセリと同様、あまり人の目につくチョウではない。カナムグラという植物も、ほとんど人に知られていない。工事場の一隅のような少し荒れた土地にはびこるつる草で、茎は刺《とげ》だらけ。葉はモミジのような形をしている。つまり、手の指をぐっと広げたような形である。キタテハの幼虫はこの葉っぱに細工をする。広げた指を下に曲げて、指先を合わせたようなぐあいに絹糸で綴《つづ》りあわせ、その中にかくれてしまうのである。そして中に入ったまま、葉の先から食べていく。だんだん食べていってかくれがが小さくなってくると、べつの葉に移り、同じように葉先を綴りあわせてかくれがを作り、その中に身をかくす。

　これに対して、カナムグラはなすすべはないようである。葉を一枚ずつ食べていくキタテハの幼虫のことはもうあきらめているのかもしれない。むしろ、つるごとむしゃむしゃ食べてしまう草食獣を防ぐべく、茎に刺々を生やしたのかもしれない。

　けれど植物たちは、昆虫に対しては常にあきらめの姿勢でいるというわけではない。セミの親は、木の小枝に卵を産む。腹の先の産卵管で小枝に切り込みを入れ、その中に卵を一つずつ産みこんでいく。このとき、親ゼミは、必ず枯れた枝をえらぶ。それは、もし生きた枝に産卵したら、植物が樹脂を分泌《ぶんぴつ》して卵を殺してしまうからである。

　京大の大学院生だった大塚公雄君（現・東京医科歯科大の生体材料工学研究所助教授）は、ゼンマイとゼンマイハバチという虫との熾烈《しれつ》な闘いを明らかにした。周知のとおり、ゼンマイは春、芽を出す。丸まった芽が開いて若葉になったころ、サナギで冬を越してきたゼンマイハバチが親になる。

ゼンマイハバチ（葉蜂）はその名のとおり、幼虫が植物の葉を食べて育つ原始的なハチである。刺したりすることもないし、ハチらしく腰がくびれたスタイルでもない。巣を作ったりすることもなく、ゼンマイの葉に産卵管をつきたてて卵を産みこんでいく。ふつうのいもむしのような姿をした幼虫は、ゼンマイの葉をもりもり食べて、二週間もすると土にもぐり、サナギになる。そして、もう二週間もすると親（成虫）のハチとなって飛びだしてくる。

ハバチの仲間は、ふつう一年に一回しか親にならない。食べる植物はハバチの種《しゅ》によって異っているが、ふつうはその植物が新芽を開く春先に親バチがでて、新しく柔かい葉に卵を産む。育った幼虫は夏までには地中にもぐって前蛹《ぜんよう》になり、そのまま夏、秋、冬を越して、翌年の春、サナギになる。そして幼虫の餌《えさ》植物が新芽を開くころ親バチがでてくる。だから親バチは一年に一回しか現われないし、幼虫がみられるのも一年に一回だけである。

ところがゼンマイハバチは一年に五、六回、春から秋にかけて何度も親バチが出て、卵を産み、育った幼虫がまた親になるのである。そしてゼンマイのほうも、ある株だけは一年に何回も新芽を開く。夏に現われた親バチは、そういう株だけに卵を産む。

大塚君は春から秋まで、ゼンマイとゼンマイハバチのすることを、根気よく観察した。春、ゼンマイがいっせいに新しい芽を出し、新しい葉が開く。それとともにたくさんのゼンマイハバチの親が姿を現わす。

親バチはちょうど開き終えたゼンマイの若葉のどれか一枚の先端のほうに、ばらばらと二、三十個の卵を産みつける。孵《かえ》った幼虫はみんな集まってきて、いっせいにその葉を食っていく。その一枚を食いつくすと、そろってとなりの葉に移り、その葉も食いつくす。そうやって五、六枚ある一株の葉を食いつくして土にもぐり、サナギになる。

せっかく伸ばした新葉を失ったゼンマイは、あわてて次の新芽を出す。そして二週間もすると、また新しい葉が開く。

そのころ地中のサナギから次の世代のゼンマイハバチの親バチがでてくる。そして開き終えた二回目のゼンマイの若葉に卵を産む。

若葉は食いつくされてゼンマイハバチはサナギになり、ゼンマイはあわててまた次の芽を出す。その芽が開くころ、三回目の親バチがでてくる。こうして、春先にゼンマイハバチに食いつくされたゼンマイの株は、他の株がもう硬い葉しかつけていない夏にも、しかたなく若芽を出しつづけ、それがまたゼンマイハバチに食われる、ということをくり返すのである。

ゼンマイハバチのほうは、幼虫たちが集団をなして新葉を食いつくすという戦法で、ゼンマイを操作して、何度も若葉を出させ、一年に何回も子孫を殖やすのだ。

ぼくは昔、ハバチの仲間が一年に一回、植物が若葉のときにしか現われないのは、幼虫のあごの力が弱くて、硬い葉は食べられないからだろうと思っていた。大塚君の研究で、そうではないことがわかった。

ハバチの仲間の卵は、産みつけられた葉から水分を吸収しないと孵らない。だから親バチは、硬くなった葉に卵を産むわけにはいかない。硬くなった葉には、産卵管も歯が立たない。それでハバチは年一回、新葉のころにしか現われないのだ。ゼンマイハバチは集団摂食でゼンマイを操作することによって、この束縛から逃れているのである。

八月のモンゴルにて

八月の十日から二週間ほど、モンゴルへいってきた。到着した次の日からの二日間は、首都ウランバートル。

ウランバートルは近代的な都市である。高層住宅と団地の連続だ。町にはトロリーバスがあちこちを走っている。ボディコン姿のかっこいい女の子が風を切って歩いているかと思うと、伝統的なモンゴル服のおじさんもいる。不思議なところだというのが第一印象だった。ビデオもついそんな人々ばかりに向いてしまって、人民党本部や国立劇場を撮るのは後回しになった。

外観は立派だが、中はどうにも立派とはいえないモンゴル国立大学を訪れ、ドルジ学長たちに会って、滋賀県立大学との学術交流の覚え書に署名する。お互い予算の制約はあるけれども、学術交流協定に向けて努力していきましょうという、きわめて現実的で実質的な覚え書である。

夕食会では馬の乳から作ったモンゴルの酒シミン・アルヒではなく、ジンギスカンの顔のついたレッテルのロシア式ウォッカで乾杯をした。ソ連・ロシアの影響の大きさには、今世紀のモンゴルの歴史から考えれば当然のことながら、やはりいろいろな面で驚かされた。そもそも文字がローマ字ではなく、ロシアのキリール文字である。しかもそれがツェとかハとかいう音の多いモンゴル語にうまく合っているのが不思議だった。モンゴル語はロシア語とはまったくちがう言語なのだから。

翌八月十三日、ウランバートルの東方数十キロにある観光地テレルジへ向かう。道はとりあえずは良い。大学の車はトヨタのランドクルーザー。快適に走る。

モンゴルは草原の国と聞いていた。たしかに草原には違いない。けれど首都ウランバートルも実は山に囲まれた町である。車は次々と山を越えていく。その山が草地なのである。

けれど草地といっても、牧草が生い茂った土地ではない。石ころだらけの砂漠に近いなだらかな山が続く。そこに高さ十センチぐらいの草が、見渡すかぎり、しかしまばらに生えており、それを食《は》むヤギやヒツジやウシやウマやヤクやラクダが、点々とあるいは群れをなして見えるという光景なのだ。

その中に、ポツリ、ポツリと牧民の家が見える。モンゴルといえば遊牧民という言葉を連想するが、これはかなり誤解されているようだ。牧民は夏、秋、冬と家を移動るが（夏営地、秋営地、冬営地）、その間は家（ゲルという）に定住している。草を求めて歩きまわっているのは家畜だけであり、それもラクダを除けば、毎日草を求めて十キロぐらい遠くまで出かけたあと、夕方には飼い主のゲルに帰ってくる。牧民たちは、子ヤギや子ヒツジや子ウシや子ウマを、親とは反対のほうへ採食にいかせるからである。

とにかく車でこういう光景の中を走っていくと、ウランバートルとのあまりのちがいに驚かされる。一緒にきてくれた県立大総務課長の川口さんともども、「これでやっとモンゴルにきた」という気分になったのはたしかであった。

テレルジはウランバートルの町を流れる大河トーラ川の上流にあった。このあたりのトーラ川は美しく、水流も豊かで、モンゴルにこれほどの水があるのが不思議なくらいだった。日本に伝えられているモンゴル像が次々に崩れていく感じだった。

テレルジは自然保護区になっている。それは美しい山の中だ。さっきまでの砂漠に近い草原とはうってかわって、中部ヨーロッパと見まがう森林地帯である。木の名前に自信はないが、オーストリア・アルプスのふもとのモミの林にそっくりの景観であった。そしてその間にはけわしい岩山もそびえている。家畜の群れはこのあたりにはいなかった。

山林の間に少し開けた草地がある。草地といってもいままでのとはちがい、ヨーロッパの山地にあるアルパイン・メドウと同じ感じの草地である。いろいろなチョウが飛んでいた。用意してきた捕虫網をとりだして、ぼくはチョウを追いかけた。

小さなヒカゲチョウがあちらに一匹、こちらに一匹と飛びながら、花にとまる。ベニシジミのような小さなチョウもいる。ときどき、白くてかなり大きなチョウが活発に飛んできては花にとまる。モンシロチョウの仲間かと思って近づいてみると、なんと赤い美しい紋がある。昔から話に聞いていたアポロチョウではないか？　網を振ろうとした瞬間、アポロチョウはさっと飛びたち、たちまちにして飛び去ってしまった。

これがほんとにアポロチョウであったかどうかはわからない。アポロチョウはウスバアゲハ、少し前まではウスバシロチョウとよばれていた原始的なアゲハチョウの仲間である。日本のウスバシロチョウは、羽を広げて山麓《さんろく》の草地を滑るように飛ぶ。ぼくはアポロチョウにもその姿を想像していた。実際にはまったくちがっていた。日本に帰ってきてから、アポロチョウのように赤い紋のあるウスバシロチョウは、なぜかわからないが敏速に飛びまわるのだということを、チョウやガの研究者の集まりである日本鱗翅《りんし》学会の人から教えられた。日本鱗翅学会の学会長であるぼくが大いに恥じ入ったのはもちろんである。

モンゴルは日本よりずっと西にあるのに、どういうわけか日本とは時差がない。八月の半ばだと、日が落ちるのは夜の九時ごろになる。それにしてももう夕方の七時になった。日もかげって、チョウの姿もめっきり減った。飛んでいるのはヒカゲチョウだけだ。ぼくらは帰途につくことにした。

テレルジ地区入口のトーラ河畔で、同行してくれたミエゴンボ元副学長から、三回目の馬乳酒とウォッカをすすめられる。ぼくが断った分は、川口さんが引受けてくれた。おかげで川口さんはウランバートルのホテルに着いたとき、かなり悲惨な状態になっていた。申し訳なく思っている。

テレルジを後にして、ぼくらは森林地帯に別れを告げ、ふたたび半砂漠の乾草原を突っ走った。そして夕闇《ゆうやみ》のただよいはじめたころ、ウランバートルへ戻ってきた。首都ウランバートルの高層建築には皓々《こうこう》と灯がともり、人々と車とトロリーバスで混雑していた。テレルジへの道で見たモンゴルとはまったくちがうモンゴルであった。

八月十五日朝、いよいよツェルゲル村へ出発だ。そこで遊牧民の生活文化を調査している滋賀県立大学の小貫雅男先生たちを訪ねるためである。

ツェルゲル村は首都ウランバートルから南西へ約七五〇キロ。アルタイ山脈の東端に当たるボグド山系の中腹にある。ボグド山系は大ボグドと小ボグドに分かれており、ツェルゲル村は小ボグド一帯にわたっている。ただし、現地の人は大、小という名を好まず、東ボグド、西ボグドと呼んでいる。山系の主峰は高さ三五九〇メートル。日本の南アルプス並みの山脈である。ほぼ京都から大阪までにあたる距離にわたって東西に延びたこの山脈の南側斜面に広がるツェルゲル村の住民は、なんとたった六十五世帯にすぎない。

ツェルゲルへは遠かった。首都から西へ幹線道路を行く。トヨタ・ランドクルーザーの新車は猛スピードで快適に走った。ぼくは前の助手席に坐り（モンゴルは右側通行だから、助手席は右側にある）、ビデオカメラを回しつづけた。

ウランバートルを囲む山の上へ出ると、道はそのまま高地を行く。右、左に家畜の群れが見えはじめ、白い円屋根のゲルがときたま目に入る。テレルジで見たような森はまったくない。ただただ半砂漠の草原がどこまでも広がっていて、はるか彼方《かなた》を台地が遮っている。

一時間近く走って行くうちに、次第にその台地が近づいてきて、道はその台地へ登っていき、やがてその頂きに出る。するとまたその先に、草原が広がり、遠くにまた台地がみえる。そして、また一時間か一時間半、草原がつづく。大草原というのでもない。山また山というのでもない。想像していたのとはまったく違う地形の連続であった。

そのうちに奇妙なものが目に入ってきた。遠くの丘に、緑と黄色の大きな幾何学的な区画が見えてきたのである。緑と黄色の広い帯状の区画が、交互に並んで広がっている。それはどう見ても自然の景色とは思えない。

「あれは何ですか？」。ぼくは後の席にいるナムジム先生にたずねた。ナムジム先生はもとモンゴル政府の国務大臣もしていた経済学者で、今は滋賀県立大学の教授である。夏休みなので故国に帰り、奥さんとお嬢さんともどもツェルゲルへの旅についてきて下さっているのだ。

ナムジム先生の答えは意外だった。「あれはハタケです」「ハタケって、畑ですか？小麦でも植えているのですか？」「そうです。コムギを作っています」。

車は小麦畑に近づいていく。けれど、農民の姿もなく、家も見えない。「あの畑はだれが作っているのですか？」。

ぼくのこの質問にはお嬢さんのアノーデルの助けが必要だった。アノーデルは彦根中央中学の三年生。日本語がうまい。「あれは会社がやっています。農業の会社があって、ときどき来ては畑の世話をしていくのです」。

モンゴルの農業！　変わりつつあるモンゴルがそこにあった。

途中、草原に車をとめる。日ざしも風も快かった。男たちは適当にそこらで、女二人はてんでに凹地《くぼち》を探してトイレ。そしてまた出発。

四〇〇キロ以上高地を走って、夕方五時ごろ、車はウヴルハンガイ県の県都アルヴァイヘールに入る。首都を出発してからもう十二時間以上。久しぶりの町だった。あたりは見渡す限りの大平原。こういうのを見た人が「モンゴルの大平原」というのだなと思った。ナムジム先生がモンゴル語で何か説明してくれている。「アルヴァイヘールってのはアルヴァイ平野ということです」。アノーデルが通訳してくれた。

アルヴァイヘールのホテルはひどかった。「大きなテレビのある立派な部屋です」とホテルの人がいっていたというが、たしかに寝室の二つある大きな部屋だ。テレビもあった。一九六〇年代のソ連製「テンプ」という、当時の高級品。ただし完全にこわれていた。おまけに、電気は夜中にきます、という。懐中電灯の明りで、カップラーメンの夕食をすませた。トイレは洋式で二つもあるが、水はまったく出ない。下痢止め薬をたくさんのんで、今夜はトイレにいかなくてもよいように祈った。

翌朝、七時ごろにホテルを出る。入口の前には犬が数匹、うろうろ食物を探していた。堂々たるモーコ犬もいた。

道はとたんに悪くなって、凹凸のはげしい地道がつづく。ビデオが揺れないようにするのに腕が疲れる。ヘール（平野）は終わって、また山地になった。一山越すごとに高いところへ登っていく。そしてしばらく、はるか彼方まで草原が展開する中を走る。

ヒツジやヤギの大群が道を横切っている。むこうのほうには馬の群れ。と思ったら近くの小さな沼で、馬たちが気持よさそうに水にひたっている。しばらくして右手はるかに見えていたまっ黒い姿が、ヤクであったことがわかる。ヤクと牛はいつもたいてい一緒にいる。やっぱり同じ牛の仲間だからだろうか？　地平線のように見える彼方に、小さいがくっきりとラクダが二、三頭立っているのが印象的だった。

道は次第に単なるわだちの跡に変わっていった。そしてまた急な山道を登る。登りきってまた平らな場所に出たところで、ナムジム先生は車をとめるように言った。

「モンゴルのおもしろい植物があります」。道ばたの斜面を今きたほうへ歩きながら、ナムジム先生が言う。どんな植物だろう。

「これです。金の植物です」。アノーデルが急いで父親の日本語を訂正する――「金色の植物」。

ほんとうだ。金色に光り輝く枝をした灌木《かんぼく》が斜面のそこここに生えている！

太いので鉛筆ぐらい。モンゴルの半砂漠に照りつける日光の中で、キラキラ光っている。「この木はアルタン・ハルガナといいます。アルタンとは金色ということです」。ナムジム先生の説明がすっきりのみこめた。モンゴル人もこの木を好み、山でみつけるとすぐ折って持ち帰ってしまうそうだ。まったく、人間のしていることはどこでも変わらない。そういうぼくも、生まれてはじめて見る金色の枝を、二、三本折りとった。

ツェルゲルへはまだまだ遠い。道路地図などというものはないから、いったいどっちへ行ったらいいのかもわからない。

途中、牧民のゲルがあると、そこへ立ち寄って道を聞く。「あの山の向こうだ」。これでちゃんと着けるのだろうか？

また二時間ほど走ったころ、次のゲルから戻ってきたナムジム先生は言った。「私たちの道は正しいようです」。

遠くに東ボグドの山並みが見えてきた。車はそこへ向かって走る。道は平らかと思うと、東ボグドから流れてくる水の作った凹地へがっくり落ちる。しかし、山並みは少しずつ近づいてきて、二時間もすると、道は山すそに沿っていくようになった。山間の谷ごとにゲルがみえる。あれはちがう、これもちがうといいながら、また一時間あまり。ここだ、とナムジム先生のいう谷に車は入っていった。谷の入口にあるいくつかのゲルと家畜の群れを通り越して、車は大揺れに揺れながら、その奥のゲルへ向かった。大きく手を振っているのは滋賀県立大の小貫先生。懐《なつ》かしい伊藤恵子さんの顔もみえる。ツェルゲルに着いた！　七五〇キロ、まる二日のジープの旅。さすがに疲れをおぼえた。

ツェルゲル村村長のバットツェンゲルさん一家に会う。ツェルゲル村のあるバヤンホンゴル県の知事とボグド郡の郡長、ボグド小学校の校長とツェルゲル村分校長もいた。われわれに敬意を表しにわざわざ来てくれたのである。

郡長さんたちは次の晩にも訪ねてきた。美人の郡次長さんも一緒だった。馬頭琴をはじめモンゴルのお土産をたくさん戴《いただ》いた。ボグドで最近作り始めたというイッフ・ボグド（大ボグド）というウォッカの瓶を差し出しながら、ぜひボグドに産業をおこしたいと、こもごもに熱っぽく語る。

そのうちにどういうきっかけからか、ジャンケン遊びになった。グー、チョキ、パーではなく、指を一本だけ出す。おや指は人差し指に勝ち、人差し指は中指に勝つ。そして小指はおや指に勝つというきまりだ。一回ごとに、負けたほうが馬乳酒を飲まされる。勝負事に弱いぼくは、たっぷり馬乳酒を飲むはめになった。

次はウォッカだ。これもソ連の影響による産物だが、銘柄は「チンギスハーン」。あまり美男とはいえないジンギスカンの顔がついている。話はボグドの町おこし、郡おこしのこと。ぼくが使った「ウヴルムッツ（ユニークな）」というモンゴル語がえらく受けて、そうだウヴルムッツなことをやらなくては、とウヴルムッツ、ウヴルムッツで夜が更《ふ》けた。高山の夜は寒い。空を見上げると一面の星。家畜たちはもうみんな眠っていた。その日の午後、車でえんえんと見てまわったツェルゲルの風景が目に浮かぶ。どんな村おこし、町おこしになるのだろうか？

ツェルゲルには四日ほど滞在する予定だった。ところが、近くでコレラが発生したという。うっかりすると、ウランバートルへの道が閉鎖されるかもしれない。次の日の朝、ぼくらはあたふたとツェルゲルを発《た》つことになった。残念だった。

「帰りはゴビ砂漠を通ります」とナムジム先生がいう。やっかいなことに、ゴビとはモンゴル語で砂漠一般を指すことばで、おまけにその砂漠とは砂の砂漠ではなく石だらけの平地なのである。しかし砂の砂漠もあるのだから、ますますやっかいだ。

何時間か山道を越えて、車はゴビに着いた。恐竜の化石が出るので有名なのは、アルタイ山脈の南側にある表ゴビ。ぼくらが今いるのは、北側の裏ゴビなのだそうだ。

一面の砂。そこにザクという灌木が点々と生えている。目に入る木はこのザクだけ。「昔、ゴビには何とか何とかという二種類の木が生えていたんだけど、この二つがとても仲が悪くてけんかばかりしてたんだって。それでザクがやってきて、そんなに仲が悪いんなら、よそへ行きなさいって、二つとも追っぱらっちゃったんだって。だからゴビにはザクしか生えてないんだって」——アノーデルが説明してくれた。

はだしになって、ゴビの砂を踏んでみる。熱い。六十度はあるだろう。その熱砂の上を小さなアリがものすごい速さで走りまわっている。熱さにやられた虫を探しているのだ。虫が死ぬか、自分が死ぬか、ギリギリの限界で生きているアリたちにぼくは心を打たれた。日がかげるとアリたちは姿を消す。涼しい時はだれも死なないからだ。

ゴビ砂漠にシートを広げ、カップラーメンの昼食をとる。「ゴビ砂漠でカップラーメンです」とナムジム先生が笑う。一時間ほどの滞在で、ぼくは真っ黒に日焼けした。

その夜泊った県都バヤンホンゴルのホテルもひどかった。翌朝、途中のゲルでお茶を飲みましょう、ということで出発。やっと草原にゲルをみつけ、「サインバイノー(今日は)」と入っていく。ミルク入りのモンゴル茶、羊の肉。「今ちょうど煮えたから」といって、タルバガンの肉もたくさんでてきた。「ぼくはこれが大好きだ」、そういって運転手はタルバガンの肉をむさぼり食う。さんざん飲んだり食べたりしたあげく、ぼくらは「バイルラー（ありがとう）」といってゲルをあとにした。

知らない人の家へ入っていき、たっぷりご馳走《ちそう》になって、さよならと出ていってしまう。驚きだった。あとで聞くと、モンゴルのこういう伝統はもう田舎にしか残っていないという。たしかにそうだろう。近代的な団地の立ち並ぶウランバートルでこんなことができるわけがない。

ジープで往復四日。けっして楽ではなかったが楽しいことこの上なかった旅を終えて、夜のウランバートルへ帰ってきた。まぶしいほどの光。近代建築。車、車、車。トロリーバスもいきかう。ボグドの地となんとちがうことか！

翌日はホテルで一日休み、翌日、通訳をしてくれているモンゴル国立大学の女性教授ムンフツェツェクさんと町へ出る。ガラスケースに並ぶ華やかな外国製品。その前に立つ一人の若い娘が目にとまった。伝統的なモンゴル服に羊の革の長靴。田舎から出てきた牧民であることは一目瞭然《りょうぜん》だった。彼女は次々と商品に目を移す。その射るような目つき！　いい知れぬカルチャー・ショックに陥っていることは明らかだった。

無理もない。ツェルゲルのあの土地、あの生活とここ首都とのあまりにも大きな断絶。モンゴルはこれからどうなっていくのだろう。帰途のモンゴル航空機内では、全席禁煙である旨《むね》のアナウンスが誇らしげに流れてきた。

シャワー

今年の夏も暑かった。

冷房の室内と外の暑さの間をいったりきたりして帰路につくのだが、最後に家の前でまたどっと汗ばむ。水を大切に、省資源、とは思っても、やっぱりシャワーで汗を流さずにはいられない。

シャワーのコックをひねり、一瞬気分がやすらぐと、シャワーにまつわるいろいろなことを突然に思いだす。

人間とはヘンなもので、妙なことだけは憶《おぼ》えているものだ。大切なことはたいてい忘れてしまっているくせに、およそ役にも立たぬディテールだけはちゃんと記憶に残っている。

たとえば、日本と同じくらい暑かったボルネオのサバ州でのこと。そこは赤道にかなり近いのだが、気温はせいぜい三十度ほどである。日本のように三十五度になったりはしない。ある夕方、現地の人たちとテレビのニュースを見ていた。ニュースの終わりのほうでアナウンサーがこういった——「今日午後、日本の東京では気温が三十七度を越えました」。とたんに現地の人々はいっせいに叫んだ。「えーっ、三十七度? あんたたちそんなところでよく生きているなあ」。

けれど湿度は日本より格段に高い。九〇パーセントなどざらである。だから洗濯物も乾かないし、ぼくらはやたらに汗をかく。

夕方、仕事から帰ってきたら、シャワーは不可欠だ。もちろんお湯ではなく水である。ところが熱帯では、夕方の六時半ごろ日が落ちたら、たちまちにして気温が下がる。コタキナバルなどという大都市はべつにして、田舎では夜は涼しい。日本では暑くて寝苦しい夜を「熱帯夜」と呼ぶが、あれは熱帯に対して失礼である。熱帯の夜は涼しいのだ。

そのひんやりした夕方に、水のシャワーは冷たかった。ああ、暑い、早く水を浴びたい、というついさっきまでの思いもどこへやら、シャワーもそこそこに切りあげてしまうのがつねだった。冬になったらどうするんだろうなどと案じながら。

でもそれは要らぬ心配であった。熱帯には冬はないのである。

日本ではシャワーはたいてい風呂場《ふろば》にある。けれど西洋には風呂場というものはない。その上、シャワーはふつう固定である。コックをひねると、水はそこらじゅうに飛び散る。そしてバスタブの外までビシャビシャになる。ヨーロッパの安宿に泊まると、それがいつも悩みのたねだ。

安宿でなくても、西洋では湯ぶねがなくてシャワーだけのところが多い。下には高さ五センチからせいぜい一〇センチの囲いがあるだけだ。どうしても水はそれを越えてあたりに飛び散る。近ごろはまわりをカーテンで囲えるようにしたシャワーも多くなった。けれど何ということか、そのカーテンは短くて下まで届いておらず、下の囲いとの間が一〇センチも空いているのだ。

何人かのヨーロッパ人に聞いてみた。いったいどうやってシャワーを浴びるのだ？答えはみな同じだった。「できるだけ体を小さく、小さくして……」。でもいくら体を小さくしても、水が飛び散るのは防げない。

固定式のシャワーもぼくは苦手である。どうやってみても、最初の冷たい水を頭からかぶってしまうからだ。

かつてぼくの家にシャワーをつけたとき、ぼくは当然、可動式、つまりホースの先にシャワーロのついた、自由に動かせるものにした。ところがぼくの家に遊びにきたスリランカ人の留学生はそれを見るなりこういった——「なぜ固定にしなかったんですか？」。万事がイギリス流のスリランカでは、それが「当然」だったのである。どうやら文化や伝統というものは、直接には「便利さ」と関係がないものらしい。むしろ「便利さ」は、その使いかたによるのであって、それも含めて文化が成り立っているのだろう。

フランスで「新式」のシャワーを自慢していた人もいた。「昔のみたいに、二つのコックでお湯と水を調節するのでなく、この一つのコックをまわしていけば、だんだん熱いのが出るようになっているんだ」。

ところがそれはとんでもないものだった。コックをひねるには、固定式のシャワーの下に立たねばならない。そしてコックをひねると、まず水が出る。急いでコックを右にまわすと、たしかにだんだんお湯になっていく。けれどしばらくは冷たいのをじっとがまんしていなくてはならない。それはちょうど真冬だったので、これにはかなりの辛抱が必要だった。そして浴びおわって最後にコックをしめるとき、水はふたたび冷水になってから停まるのであった。

ご自慢の主人にこのことを話したら、こういわれた——「最後に冷たい水を浴びるのが健康に良いのだ」。

こんなとりとめもない「シャワーでの思索」のとき、いつも疑問に思うのは、どうやら日本人はシャワーというものを発明しなかったらしい、それはなぜだろうか？

ということである。

そもそも「シャワー」という概念がないらしい。シャワー（shower）とは元来「にわか雨」とか「驟雨《しゅうう》」のことである。これにあたる語はほかのヨーロッパ語にもあるが、日本語では「雨」という字がついていて、雨の一形態という概念になっている。しかし shower は shower rain ではなく、一つの独立した単語である。

日本では古来、滝に打たれる修行がおこなわれてきた。だから、上から降ってくる水を浴びて、身や心を清めるという思いも行為も存在していたのである。けれど、水を引いてきて細かい穴をもった口につなぎ、雨のように降らせてそれを浴びる、つまりいわゆるシャワー式のものは、ついに発明しなかったように思われるのだ。

ちゃんと調べてみたわけではないから、これはあくまでぼくの印象にすぎないが、同じように湿度が高くて、毎日のように水浴び（マンディーなど）をする東南アジアでも、シャワーは発明していないようにみえる。タイの風呂場ではそのための専用の仕切りがあり、そこに水を貯めておく。そして手桶でその水を汲《く》んで体にザアーッとかけるようになっていた。

西洋式のシャワーの起源も調べてはいないが、シャワーの発明は昔から興味のある問題であった。

スリッパ再論

日本は世界でも珍しい「スリッパ文化」の国ではないかと、ある雑誌に書いたのは、もう三、四年前のことである。その後、気をつけてみていると、ますますその感が強くなってきて、続きを書いてみたくなった。

日本でスリッパといえば、明らかに「洋式」のものである。もともと「スリッパ」は英語であり、英和辞典でslipperをひけば、「室内用、舞踏用の軽い上靴」などと書いてある。それが「洋式」のものとして輸入され、家屋や居住習慣の洋風化に伴って、急速に普及していった。

しかし、スリッパの本家本元だと日本人が思っている西洋へ行ってみると、少くとも今日ではスリッパなどというものはまずどこにもない。玄関から靴のままで家の中へ入り、立派なカーペットを敷いた応接間にも靴のままで入っていく。

ホテルの部屋にもスリッパは置いてない。冷たい床をはだしで歩いたり、夜中に室外のトイレ（ヨーロッパの安宿は部屋にトイレがない）へ行くときは、いちいち靴をはかねばならぬ。近頃は海外旅行にスリッパを忘れないのが、日本人の習慣になった。

つまりスリッパは、洋風、洋式、という思いこみとはうらはらに、まさに「日本のもの」なのである。そして日本では、スリッパは驚くほど多様化し、発達した。どんな田舎に行っても、スリッパは売っている。何が高級か知らないが、「高級スリッパ」というものもあり、けっこういい値段である。冬向き、夏向きと、季節ごとのスリッパがある。イタリアン・カットとかいって、先が細く尖《とが》ったスリッパもある。イグサで作ったりした「和風スリッパ」というのがあるのは、スリッパといえば洋風という思いこみを如実《にょじつ》に示している。その一方、百貨店などに行くと、ピエール・カルダンとかランヴァンとか有名デザイナーのデザインによるスリッパもたくさん並べられている。フランスでこんなものを見た記憶はない。カルダンはわざわざ日本人向けにデザインしてくれたのだろうか？

かと思うと、健康スリッパなんていうものもある。表面にいぼいぼがついていて、足の裏を適度に刺激するのだそうな。「やせるスリッパ」というのは長さが半分ぐらいしかなく、いつも爪先《つまさき》立って歩くようにするので、体はスリムになり、脚の形もよくなるとか。O脚が治ります、というスリッパもあるらしい。エコ・スリッパなるものもあるそうだが、どのように「環境にやさしい」のか、ぼくはまだ実物を見たことがないのでわからない。

こんなふうにスリッパが発達してくると、それに伴って付属品も発達する。趣向をこらしたスリッパ立て、玄関に敷いてその上にスリッパを並べておく玄関マット、等々。いずれもおしゃれな主婦にとっては心ひかれるものである。

ウィスキーの水割りをはやらせたのは日本人だとされているが、日本人はスリッパもはやらせているようだ。近頃は飛行機の中で、歯みがき、歯ブラシなどをいれた機内セットを配ってくれるが、あれには機内用のスリッパが入っている。おしぼりと同様、スリッパなしにはすまされぬ日本人のためだろう。ただし、エール・フランス機などではスリッパでなく、厚手の靴下である。やはりフランスはスリッパ文化の国ではないらしい。

日本でこれほどスリッパが発達したのは、やはり靴を脱いで家に上がる習慣のせいだろうか？　欧米でも玄関にマットが置いてあるが、それは靴の裏の泥を落とすためである。日本の玄関マットとは相当に機能がちがう。

かつて日本では玄関でわらじを脱ぎ、足を洗って、はだしで床に上がった。靴が普及した今日、もう足を洗う必要はない。しかしはだしで冷たい廊下を歩くのはあまりいい気分ではない。そこで「洋式」のスリッパが登場したのだろう。

それではスリッパは西洋での原義どおり「室内靴」なのだろうか？　そうとも受け取られるふしがある。玄関で立派な高級スリッパをすすめられても、それをはいて歩くのは廊下だけ。ほんの二、三歩歩いたら、カーペットを敷いた応接間だ。客はそこでスリッパを脱ぐ。あるいは脱ぐべきかどうか一瞬迷う。そしてたいていの人はスリッパを廊下に置き、素足になって応接間に入る。第二の靴を脱ぐのである。

しばらくすると、トイレへ行きたくなる。そのときはまたスリッパをはいて廊下を歩く。そしてトイレでまた別のスリッパにはきかえる。このスリッパにはたいてい可《か》愛《わい》らしいムーミンか何かの絵がついている。もとの応接間に戻るときは、トイレの入口でスリッパをはきかえ、応接間の入口でそれを脱ぐ。

ぼくの知っているフランスのある建築デザイナーは、日本の家におけるこの度重なるスリッパのはきかえは衛生のためだと初め思った。まず汚れた靴を脱ぐ、というところから始まって、部屋の中を清潔に保つための習慣だと解釈したのである。

しかしその後、彼はこの考え方を変えた。日本人はそうやって履物をたえずはきかえることによって、自分は今どこにいるかということを意識するのだ、というのである。これが当たっているかどうか、ぼくにはよくわからない。たしかにそういう面もあるだろう。「土足で他人の家に上がりこむ」のがいかに礼を失したことか、日本人は十分に承知している。ぼくだって、昔、フランスへ行ったとき、靴のまま居間や寝室に入っていくのは大いに気がとがめたものだ。

衛生のためという解釈は、おそらく的外れだと思われる。玄関で出されるスリッパは、前にだれがはいたものかわからない。ホテルの部屋に備えつけのスリッパだってそうである。最近、大阪のあるホテルでは、「洗えるスリッパ」を自慢にしている。やわらかい真白な布製のスリッパが「消毒済」と書かれた袋に入っており、それを取りだして、裏側に固いプラスティックの板を差しこんではくのである。これはたしかに衛生的だが、その一方、何もここまでしなくても……という気もしてくるのがふしぎである。

とにかく、日本のスリッパとはふしぎなものである。洋式と思われていながら、西洋にはない。わらじを脱ぐという日本古来の習慣から生まれた、日本独自の「洋風」文化なのだ。

街のハヤブサ

ニューヨークにハヤブサが棲《す》んでいる、ということを読んだのは、たしか宮崎学さんの文章の中だった。びっくりして宮崎さんに確かめると、そのとおりであることがわかった。

ハヤブサといったら誉れ高い猛禽類《もうきんるい》。荒浪の海にそそり立つ孤島に棲み、人を寄せつけぬ断崖《だんがい》絶壁に巣をつくる。猛禽類としては大きなほうではないが、鋭い精悍《せいかん》な目つき、キュッと曲がった恐ろしげな嘴《くちばし》。これがぼくの抱いていたハヤブサのイメージであった。

そのハヤブサがなんとニューヨークに棲みついている。信じ難いことではないか。しかし宮崎さんの話を聞き、他にもいろいろ調べてみると、それはぼくの不勉強であることがわかった。ハヤブサがニューヨークに棲みはじめたことは、もうだいぶ前から知られ、話題になっていたのである。

孤島の絶壁に棲む鳥が、なぜニューヨークなどという大都会に棲めるのか？　それはニューヨークが大都会だからである。

ニューヨークにそそり立つ超高層ビルは、荒海にそそり立つ絶海の孤島と同じである。百何十階にも及ぶ高い建物の壁は、まさに断崖絶壁だ。そのてっぺんや途中の階にデザインされた小さなテラス状の装飾は、絶壁にわずかに張り出した岩棚である。

ハヤブサは天然の絶壁の岩棚に巣をかけてひなを育てる。そこはいかなる敵も襲ってこない安全な場所だからである。もし襲ってくるとすれば、それは崖《がけ》づたいではなくて空からやってくる猛禽類だけだろう。けれど、ワシとかタカとかいう他の猛禽類はたいてい原生林に棲んでいるから、そんな海岸の絶壁まではやってこない。人の近づかない僻地《へきち》には、海鳥をはじめ鳥たちがたくさんいる。ハヤブサはそれらを襲ってえものにする。

何十万年の長きにわたって、ハヤブサはこういう生き方をしてきた。そのハヤブサが、どういうきっかけからかはわからないけれど、大都会ニューヨークを知った。そこには人工の孤島と断崖絶壁があった。絶壁には子育てに適した安全な岩棚があった。町にはたくさんのハト（ドバト）がいた。えものには事欠かない。人間はうようよいるが、ハヤブサが飛びまわって生きている空間にはほとんど無関係である。それでハヤブサは増えはじめた。

動物写真家、宮崎学さんの写真集『アニマル黙示録』(講談社)には、こういう例がたくさん載っている。こういう例とは、超・人工のものと、超・野生の動物との、ふしぎな「調和」である。

ニューヨークといわず、東京にもいろいろな鳥が増えている。その中にはもともとは外国産の鳥もいる。深い山の清渓にしか棲まないとされていたオオサンショウウオが、都会の汚れた水路で流れてくる食べものを待っているという、つげ義春の劇画「山椒魚」もどきの光景も、この写真集にある。

もともとは林のチョウで、人家近くの明るい場所にはあまり姿をあらわさなかったスジグロシロチョウが、今では大都市に棲んでいる。高いビルのおかげで日かげが多くなり、林の中と同じような状況になったからである。

眺めていると、東京の空には意外にたくさんの鳥が飛んでいる。カラスやスズメばかりではない。カモメもいるし、ぼくには種類のよくわからない鳥もいる。それらは町や人家に「適応」した都市鳥ではなく、野生の鳥である。そのような鳥が、コンクリートのビルの上を何事もないように飛び、何の屈託もなく、ビルの一角にとまる。まるで森や林の木の枝にとまるように。

ビルの立ち並ぶ都会は、少しは木々の緑もあるけれど、全体としては灰色であり、緑の森とは景観がまったくちがう。けれど、鳥たちはそんなことを意に介しているとは思えない。むしろ、食物はあるし、恐ろしい敵はいないし、天然の森よりずっといいと思っているのかもしれない。禁猟区に指定はされてないが、今では町で鳥を撃つ人はいない。

ツバメが人家の軒先に巣をつくるのは、スズメを避けるためだということを明らかにした研究がある。スズメはふだんはあまり人間を恐れないが、ひなを育てるときは人間を避ける。だから、人がひんぱんに出入りする店先などには巣をかけない。ツバメはそれを利用する。そういう店先の軒に巣をつくれば、嫌なスズメはやってこない。昔、ツバメがたくさん巣をかけると、店は繁盛《はんじよう》するといわれた。話は逆であって、繁盛している店にツバメが集まってくるのである。

今、大都市にはツバメがめっきり少なくなった。かつてのように、どの通りを歩いていても、子育てのために餌《えさ》を持ち帰るツバメが飛び交う姿は見られなくなった。おそらくツバメたちは、町そのものの作りや、人間の存在が嫌いになったのではないだろう。町が人工的にきれいになりすぎて、餌にする虫があまりにも減ってしまったので、町ではひなも育てられなくなったから、都会には棲まなくなったのである。

こういう事例を見ていると、自然保護とか自然との共生ということについて、少し考え直す必要があるのではないか、という気がしてくる。

多くの動物たちはわれわれが思っていたよりもずっとしたたかである。自分たちの生活の基盤になる条件さえそろっていれば、たとえその条件が人工のものであろうとも、そしてそこをたくさんの人間がうろうろしていようとも、平気で棲みついてしまう。カラスやツバメのように、人間がいることをむしろ利用しているものだって、けっして少ないとはいえない。都市周辺で急速に増えつつあるタヌキやキツネもその例である。人間がいるおかげで豊富な食物がたやすく手にはいるようになった。命がけで食物を探す必要はなくなったのだ。

けれど、都市化によってツバメは餌を失なった。モンシロチョウは日なたを失なった。そうなったら出ていく他はない。

水面に浮いて生活するアメンボは、水が汚かろうと富栄養化していようと一向にかまわない。彼らにとって重要なのは、水の表面張力だけである。たとえ化学的に無害な物質によってでも、水の表面張力が低下すれば、彼らは溺《おぼ》れてしまう。

やたらと動物たちに遠慮することはないのかもしれないが、それぞれの動物にとってのこのキー・ポイントは侵してはならない。

冬の花

冬になるといつも思い出す花がある。フユノハナワラビだ。

東大の大学院生だったころ、春から秋までは実験が忙しかった。アルバイトを終えて、夜、研究室へ馳《か》けつけ、研究のために飼っているアゲハチョウの幼虫たちの世話をする。サナギになろうとして飼育箱の中を歩きまわり始めた幼虫を拾いだして、脳をとったり移植したりする手術をする。そして終電車に間に合うようにそそくさと大学を出る。

十二月になると、アゲハチョウのシーズンも終わり、実験の後始末や今年の結果のまとめもすんで、ほっと一息という気分になる。そうなると、やたら山にいきたくなるのである。

今ごろ山へいったって、虫がいるわけではない。卵やサナギでなく、親のチョウの姿で冬を越すのもいるけれど、こんなに寒くなれば、じっとどこかに隠れたままである。草も枯れ、木の葉は落ち、緑を残しているのは、ぼくにはおよそ興味のない杉林だけ。そんなことはもちろんわかっているのだが、それでも山を歩いてみたいのだ。山といっても名のある山へ登ってみようというわけではない。当時は中央線電車の終点であった浅川（今の高尾）までいき、小仏峠へ通じる旧道を中央線の線路に沿って一時間ほど歩き、途中から山道に入って小下沢《こげさわ》という沢づたいにぶらぶらするのが、ぼくの気に入ったルートであった。

春にはいろいろな草が思い思いに伸び、思い思いの花を咲かせていた場所も、今は枯草ばかり。チョウの姿はおろか、地面を歩く虫の姿もない。それでも山の匂《にお》いを味わい、春の花やチョウの姿を想《おも》いおこしながら山の道をたどるのは、ぼくにとっては安らぎであった。

その日は、その冬初めての山行きだった。ゆっくり出かけたので、小下沢へ着いたのはもう午後。山を歩きまわっているうちに、日は傾いてきて、山のかげに入ってしまった。急に寒さが身に沁《し》みてくる。ぼくは帰途についた。

浅川駅まであと一キロ、というあたりに、昔の関所（小仏関）の跡があり、ちょっとした木立と茂みになっている。もう日暮れも近く、道のへりの枯草の斜面もほの暗くなっていた。見るともなしにその斜面を眺めながら歩いていたぼくの目に、突然まっ黄色な花が一つとびこんできた。枯草の中のその鮮やかさ。ぼくは自分の目を疑った。

　駆けよって顔を近づけてみると、何とそれは花ではなかった。それはどう見てもシダの一種であった。緑色のワラビのような葉。花と見えたまっ黄色のものも、花びらなどはなく、胞子をつけた部分にすぎなかった。

　でも、何というふしぎなシダ！　まっすぐ立った茎から、二、三枚のまぎれもなくシダの葉が左右に分かれて生えている。そして茎の先端は、胞子をつけた穂のようになっていて、それが鮮やかな黄色なのである。

　ふつう、シダといえば、根本から何枚かの葉が分かれて出ていて、葉をつけた枝とか茎とかいうようなものはない。胞子は葉の裏についているか、あるいはいくつかのシダのように、胞子葉と呼ばれる胞子専用の葉についている。けれどその胞子葉も、ふつうの葉とはべつに根本から直接生えていて、葉っぱの先とか茎の先端とかについているわけではない。

　茎の根本で折りとって眺めてみればみるほど、このシダは変わっていた。何よりも、茎の先端の色鮮やかな胞子葉。それは、葉のついた茎の先に咲いた花という印象しか与えない。ぼくが「花だ」と思ったのも当然だった。いつか図鑑で見た「フユノハナワラビ」という名前が頭をよぎった。そうだ。フユノハナワラビにちがいない。冬の花ワラビとはよくぞ言った。

翌日、このシダをもって、植物学教室の前川文夫先生の研究室を訪ねた。植物分類学の大家である前川先生のところへは、何かというとお邪魔をして、植物の名前を聞き、それらの植物の形や構造について、おもしろいことをたくさん教えていただいた。「先生、これはフユノハナワラビですか？」とたずねる。「そうだよ。よく見つけたね」。そして、このシダの変わった形について、くわしく説明して下さった。「でも、この黄色く目立つ胞子葉、これはまさに花ですね」というぼくのことばに先生はいたく感激されたらしい。「そうなんだよ、そうなんだよ。だけどたいていの人は、これを素直に花と思ってくれないんだよ」。

前川先生が亡《な》くなられてもう久しいが、その後もフユノハナワラビへのぼくの関心は消えることがなかった。それは一つには、ソ連のグリーンフェリトという人が書いた『昆虫の訪花性の起原』というロシア語の本を読んだからである。

チョウといわずミツバチといわず、多くの昆虫たちは花に集まってきて、蜜《みつ》を吸う。花粉を食べたり、集めたりするのもいる。昆虫たちはいつから、どうして、花を訪れるようになったのか？

グリーンフェリトの本によれば次のとおりである。昔、地球上にシダ植物しかなかったころも、もうたくさんの昆虫がいた。それらの虫たちはいろいろなものを食べていたが、その中にはシダの胞子を食べるものもいた。シダの胞子は栄養があり、また植物体の一部にかたまってついているので、食物としてはうってつけだった。こうしてシダの胞子葉に集まってくる昆虫がたくさんいるようになった。

その後、シダ植物の仲間から、花を咲かせる顕花植物が現れる。しかし、この花は、もとをただせばシダ植物の胞子葉が多少形を変えたものである。花の花粉も要するに胞子に他ならない。シダ植物の胞子葉に魅《ひ》かれて集まってきていた昆虫たちは、胞子葉が花に変わったら自然と花に集まるようになった。花は蜜をつくるようになり、虫たちはこの新しい食物にますます魅きつけられた。けれど依然として、花にある胞子、つまり花粉を食物とする昆虫もいるのである。グリーンフェリトのこの説は、とても納得がいった。

けれどフユノハナワラビはなぜあんなに目立つ「花」を咲かすのだろう？　花は花粉を媒介してもらうために目立つ色をして虫を呼ぶ。しかしシダは虫に胞子を媒介してもらう必要はない。虫がたくさん集まってきたら、大事な花粉を食べられてしまうだけではないか？　そこがぼくにはいまだによくわからない。

鳥たちの合意

早春、京都の鴨川《かもがわ》にはたくさんのユリカモメたちがいる。川で餌《えさ》をあさったり、岸で餌を投げ与える人の手もとに集まったり、浅瀬に群がって休んだり。ときどき何羽かが思いついたように舞い上がり、川の近くを飛びまわってはまた川に戻る。

しかし夕方四時少し前になると、カモメたちは次々に飛び立ち、川面《かわも》の上を高く輪を描いて飛びはじめる。その数はたちまちのうちに十羽、十五羽と増してきて、らせん状に飛びながら、だんだん高く昇っていく。それを追うように、次々と他のカモメたちが加わってきて、ぐるぐると輪を描きながら空へ舞い上がっていって、何十羽という鳥の柱ができる。

川原の少し上手や下手でも、べつの鳥柱ができている。よく見ていると、最初のうちに飛び上った何羽かは、少し高い空中から、まだ地上で休んだり歩いたりしている仲間たちめがけて急降下しては、またさっと舞い上がることをくり返す。いかにも、「さあ、早く飛び立てよ」といわんばかりである。それに応じて地上の鳥たちも飛び立って、鳥柱に加わる。

そのうちに、一つの柱はとなりの柱と合流し、それにまたとなりのが合流する。こうして何百羽というカモメたちが、ぐるぐる旋回しながら、大きな太い柱になって、高く高く昇っていく。それは壮観である。思わず立止まって、じっとこの鳥たちに見入ってしまう。傾いた冬の太陽に、カモメたちの白い翼がきらりと光ったり、飛ぶ角度によっては黒く影になったりする。

鳥たちの柱は空に吸い込まれるように上へ伸びてゆき、やがて集まって丸い集団になる。そのころ、高さはもう一〇〇メートルから二〇〇メートルに達しているだろうか。一羽、一羽の姿はもう定かには見えない。すると一瞬、それまでは上へ上へと昇りつづけていた鳥たちは突然に方向を変え、水平に東山連峰へ向かう。そして下降しながら山の向こうの琵琶湖《びわこ》へ向いて、たちまちにして姿を消してしまうのである。彼らのねぐらは琵琶湖なのだ。

おかしなことに、おおかたの仲間が空高く柱になって舞い上がっているというのに、まだ川原の上で、あらぬ方向へ向かって低く飛んでいるユリカモメが、いつも何羽かはいる。この連中はどうするのだろう？　仲間にはぐれ、柱に乗り遅れて、無事ねぐらに帰りつけるのだろうか？

見ている限り、こういう鳥たちが焦《あせ》ったり、あわてたりする様子もない。川の上をかなり悠々とあっちへこっちへと低く飛んでいる姿は、あたしはあの子と今夜はここで泊まるわよ、という気になっているのかなとさえ思わせる。

それにしてもカモメたちは、どうやって帰宅の時間を知るのだろう？　さあ、そろそろ帰ろうよ、とだれがいいだすのだろう。

それはおそらく体内時計の問題にちがいない。毎日、日の出とともに目を覚まし、昼間一日活動して夕方ともなれば、どの鳥もそろそろ休みたい、眠りたい、という生理的気分になってくるのだろう。日が傾きかけてくることも、それに拍車をかけるかもしれぬ。そしてその気分の強くなった鳥から、次々と飛び立つことになるのだろう。そしてそれに刺激されて、他のも飛び立ちはじめるのだ。

けれど、まだ気分の熟していないのもたくさんいる。だから、だれいうとなく一斉に、というわけにはいかない。かつて動物行動学《エソロジー》なる分野を確立した一人であるイギリスのニコ・ティンバーゲンは、意向運動という言葉を使っている（『動物のことば』みすず書房）。ユリカモメが飛び立って輪を描いて飛びまわるのは、もう帰って休みたいという「意向」を示す動きなのだ。

これは同じような気分になってきている他の鳥たちに伝わる。つまりその意味が理解されるのだ。すると、そういう鳥も同じ動きに加わってくる。これがだんだんみんなに伝わっていって、何十分間か経《た》つうちに、やっとほとんどのユリカモメの大きな柱ができるのである。

だから鳥たちをみていると、じれったくなる。はじめのうちは、いったい何をしようとしているのか、われわれにはわからない。そのうちに、そうだ、もう夕方も近いから、カモメたちはねぐらに帰るのだな、ということに気づく。だが、鳥たちはなかなか家路に向かおうとはしない。川の上をぐるぐるまわって飛んでいるだけだ。いずれは空高く昇っていくこともわかっているけれど、そうみるみるうちにというわけでは全くない。昇っていくのもあれば、同じ高さでまわっているだけのもいる。中には降りてくるのさえいる。いったいいつになったらまとまるのだよ、と叫びたくもなってくる。

けれど、あるときがくると、鳥たちは合意に達する。合意に達したら、あとは早い。急に方向を変え、ほぼ一斉に山の向こうへ消えてしまう。こういうのを民主主義というのだろうか？

やはりエソロジーを確立した一人であるオーストリアのコンラート・ローレンツは、彼の著書の中でおそらくいちばんおもしろい『ソロモンの指環《ゆびわ》』（早川書房）のコクマルガラスの章の中で、カラスの声について次のようなことを述べている。コクマルガラスには「キャア」という声と「キュウー」という声がある。どちらの呼び声も「いっしょに飛べ」と誘うものであるが、「キャア」と叫ぶのは遠くへいこうという生理的気分にあるとき、すなわち巣からよそへ飛ぼうとするときである。これに対して、「キュウー」は家へということを強調する、のだと。

　鳥たちが何かしようとするときは、彼らの間にこのような生理的気分が「伝染」してゆき、その結果、群れ全体がそろって、たとえば巣に帰るという統一された行動をとりうることになる。この「票決」にはたいへん時間がかかる。ユリカモメたちの行動も、ローレンツによるコクマルガラスの描写とそっくりだ。

　――鳥たちはまもなく巣へ飛んで帰るはずだ。やっと、二、三羽の年長の鳥たちが「キュウー」という呼び声を出しながら飛び立つ。するとそれにひかれて全群が空へ舞い上がる。けれども空中の鳥たちは、大部分まだキャア気分にとどまっている。いつ果てるとも知れぬキュウー、キャアという呼び声をかわしながら、群れはぐるぐる輪を描いて飛び、ついに再び地上に降りてしまう。（そのうちに）ごくわずかずつキュウーの声が増してゆき、それが八割に達したとき、キュウー気分はなだれのように広がって、ついに鳥たちは、文字どおり「異口同音に」家路へ向かうのである。

「民主主義にはすぐれたリーダーが必要だ」という矛盾に満ちた警句がある。この警句は鳥たちにはあてはまらないらしい。

効率と忍耐

そろそろ四月。雪の少ない地方では虫たちが動き始めている。朝起きて暖房を入れると、ぶうーんという鈍い羽音とともに一匹のカメムシが飛んで、窓のガラスにとまる。家の中のどこかで冬を越していたのである。

カメムシは窓ガラスの上を急ぎ足で歩く。明るい光のさす外へ出たいにちがいない。窓を開けてやるが、虫はガラスの上を歩きまわるばかりだ。窓の枠まできても、枠に沿って歩いていって、またガラスの上へ戻ってしまう。

カメムシにかぎったことではない。ハエでもハチでも同じことをする。窓がちゃんと開いているのに、ガラスの上でブンブンいいながら、いつまでも外に出られずにいるのを、もどかしい思いで見ていた人は多かろう。とくに、早く外に出ていってほしいハチのときなどはなおさらである。

子どものころ何かの本で読んだ記憶がある。たしかあのニュートンのことだった。窓でブンブンいっているハエに思索を邪魔されたニュートンは、手でハエをそっとつかまえ、「さあ、出なさい。外はお前には広すぎるほど広いんだよ」といって外へ放してやったとか。でもニュートンがいなかったら、このハエはいつまでも外に出られず、外の明るい光に憧《あこが》れながら、ついに力つきて死んでしまったかもしれない。窓ぎわには、そういう哀れな運命をたどった虫たちが何匹もころがっていることがある。

そういう虫たちを見ていると、ぼくはついアンジェイ・ワイダの映画「地下水道」の悲惨なシーンを思いだしてしまう。ドイツ軍を逃れて地下水道へ潜ったパルチザンの若者たちは、やっとの思いで川への出口に到達する。まだ昼間で、川の向こうには彼らの家が見えている。だが地下水道の出口には、鉄の格子《こうし》ががっちりとはまっていたのである。

虫たちが外の光に憧れながらそこへ行けないのは、鉄格子のせいではなく、まさに彼らの光に対する憧れそのものの故《ゆえ》なのである。虫たちは迂回《うかい》ということを知らない。光に憧れる虫は、ひたすら光に向かって直進する。人間がガラスなどというものを発明するまでは、彼らの世界にこんな透明なものは存在しなかった。目に光が映ったら、その方向へ進めばよい。そうすれば当然その光の源に達しうるはずだった。光がちゃんと見えているのにわざわざいったん光のくるのとはちがう方向へ飛んで、つまりいったん迂回をして、それから光の源へ進むということは彼らの行動には組みこまれてはいなかった。人間は彼ら虫たちにとって、およそ罪つくりなものを発明してしまったのである。

でも、こういう虫たちはどこへ行きたいかがわかっているからまだいいのだ。テーブルの上を、まだ生まれてまもないゴキブリの子がちょこちょこ歩いている。ごく小さいから、親のような憎らしさはない。それでも分別くさく触角を振り振り、もっともらしそうに歩いてゆく。

この子はどこへ行きたいのだろう？　聞いてみてもたぶん答は期待できない。この子はどこかへ行きたいとは思っていないのである。では何のために一生懸命歩いているのだ？

それは何か食べられるものを探すためである。食べものにやかましくないゴキブリのことだから、何でもいい。どこでもいいから、何か食べられるものにぶつかればそれでよいのだ。

ずいぶんあてずっぽうなやりかたのように思えるけれど、おそらくこれがいちばん賢い方法なのだ。ゴキブリの食べられるものなんか、ある場所へ行けば必ずある、というものではない。だとすれば、ひたすらあちこち歩きまわって探すほかはない。文字どおり、いきあたりばったりに、である。

たいていの虫がこうやって食物や産卵場所を探している。いかにも頼りない探し方のように思われるけれど、虫たちはそのためにほとんど毎日を費やし、充実した日々を送っている。チョウたちがひらひらと優雅に飛ぶ姿をわれわれが楽しめるのも、彼らがそうやって一日じゅう探し歩いているからである。

けれど、こうやって歩きまわっていてはいけない場合もある。春のうららかな日ざしの中、道にさしかかっている梢《こずえ》の下でヒラタアブがまるで糸で吊《つ》り下げられてでもいるように、空中に静止して飛んでいる。近寄ると、彼らのプーンという羽音がいかにも春らしく聞こえてくる。どこへも行かないで、彼らは何をしているのだ？

彼らはあちこち飛び歩いていてはいけない。その一点にじっとがんばっていなくてはならないのだ。よく日の当たるその場所は、彼らのなわばりなのである。時折りそこをメスが通りかかる。じっと静止飛翔《ひしょう》をしながら待っていたオスは、その大きな目で一瞬にしてメスを認め、電光石火、メスにとびつく。メスは逃げたり、何らかの合図をしたりすることもできないらしい。あっという間にオスにレイプされてしまう。ヒラタアブのオスは、じっと一か所に留まって、そこに現れたメスをレイプする機会を待っているのである。

メスがぜんぜん通らない場所でどんなに辛抱強く待っていても、それはだめだ。オスはメスを期待できる場所に陣どっている。それが彼らのなわばりである。もちろんそのなわばりを乗っとろうとして他のオスもやってくる。オスは即座に侵入オスにとびかかって追い払う。

こういう虫たちの動きを見ていると、ついじれったくなってくる。何という効率の悪さ。コンラート・ローレンツが『ソロモンの指環』の中で、動物とつきあうには「けものの忍耐」が必要である、といっている。ほんとにその通りだ。

それに、ただひたすら明るいほうへ向かう昆虫たちを、あながち愚かだとはいいきれないところもある。非常口を示す絵文字を思いだしてみるがよい。あれは明るいほうへ向かって走るように描かれている。

痴漢はたいてい決まった場所に現れるようだ。とある郊外の新開地の駅で、そこらじゅうに「痴漢が出ます」という看板が立っているのを見て驚いたことがある。

そして売り場面積の広さを誇る新しいデパートの中を、なかなか目指す売り場の見つからぬまま歩きまわっているうちに、あ、そういえばこれも買おうと思っていて、つい忘れていた、というものに出くわすこともある。人間もそれほど虫とちがってはいないのかもしれない。

チョウの数

一九九七年四月、ペルーの日本大使公邸事件の成行きを毎日テレビで見守りながら気がついたのは、映されている公邸の木々の上を飛びかうチョウの多さであった。

それもどうやらチョウチョらしいという小さなチョウではない。大きな、どうみてもアゲハチョウの仲間のチョウが、次から次へと画面を横切っていくのである。

一般にどんな動物でもそうであるが、大きいものは数が少ない。それは大きい動物はそれだけたくさん食べるからだ。

かつて多摩動物公園インセクタリウム（昆虫園）の矢島稔さんから聞いたことがある。一匹のアゲハの幼虫が親のチョウになるまでに、ミカンの木の大きな葉っぱを七十何枚食べるそうだ。七十何枚といったら、ちょっとした鉢植えのミカンの苗ではとても足りない。

ミカンの木のほうでも、しょっちゅうアゲハの幼虫に葉を食われて丸坊主にされていたら生きていけないから、一匹のアゲハが育つにはかなり大きな木が一本要ることになる。

いっぽう、小さなモンシロチョウなら、キャベツの葉っぱ一枚もあれば、十分に一匹のチョウになれる。もっと小さなチョウならなおのことだ。

こういうわけで、大きなチョウは小さなチョウより、一般的に数が少ない。

近頃はテレビでいろいろな土地の映像が放映される。リマと同じく、アフリカや東南アジアでの映像を注意して見ているとすぐ気がつくように、画面にはチョウをはじめいろいろな虫の姿が映っている。別にそれを映そうとしているのではない。カメラはそこの人々の、あるときは豊かな、あるときは悲惨な生活を描きだそうとしているのだが、画面をたくさんの虫が横切ってしまうのである。

しかし、それらの虫はさまざまである。チョウもいるけど、ハチやハエらしいものもいる。何だかよくわからないが、とにかく飛んでいるのだから虫にちがいない、というのもいる。そして大きなチョウはやっぱりたまにしか横切らない。だからぼくは、リマの映像に驚いたのである。

あれだけ大きなアゲハチョウがあんなにたくさんいるというからには、植物もたくさんあるのだろう。そして、幼虫に食われるそばから芽を伸ばして、葉っぱの数を回復しているにちがいない。それも熱帯だから可能なのだろう。

一口にアゲハチョウといっても、いろいろな種類がいる。日本でもアゲハチョウの仲間には、ナミアゲハ、クロアゲハ、オナガアゲハ、カラスアゲハ、ミヤマカラスアゲハ、ナガサキアゲハ、シロオビアゲハ、モンキアゲハ、キアゲハ、アオスジアゲハ、ジャコウアゲハなどがいる。はじめの八つはミカン科の木の葉を食べて育つ。しかしキアゲハはセリ科、アオスジアゲハはクスノキ科、ジャコウアゲハはウマノスズクサ科の草や木の葉を幼虫の食物にしている。

親のチョウの数も、いる場所も、チョウの大きさだけでなく、幼虫の食べる植物の種類によって決まってくる。

山麓《さんろく》の雑木林に生えるカンアオイという草を幼虫の食べものにしているギフチョウも、アゲハチョウの仲間である。カンアオイはまばらに生える小さな下草で、見渡すかぎりの大群落などというものは決してつくらない。ギフチョウの幼虫は一つの株を食いつくすと、地上を歩いて他の株へ移る。その間にいろいろな動物に襲われて食べられてしまう。だからギフチョウの数はごく限られている。

その上、カンアオイの葉の食べごろは春先だけである。だからギフチョウは一年に一回、春先だけに親のチョウが現れてカンアオイに卵を産み、幼虫はサナギで翌年の春まで眠っている。

カンアオイは気むずかしい植物で、どこにでもここにでも繁茂するというものではない。しかも、土地によってギフチョウの好みがちがう。だからギフチョウはごく限られた場所にしかいない。各地で天然記念物扱いをされているのもそのためである。では、人間がこんなに自然を荒らしてしまう前には、ギフチョウは日本のどこにでもたくさんいたのだろうか？

そういうことは考えられない。ギフチョウというチョウは、どういう理由からかカンアオイの仲間の草で育つようになり、数も限定し、親になる時期も限って、その中で、できるだけたくさん子孫を残すべく努力してきたのだ。

日本鱗翅《りんし》学会（翅《はね》に鱗粉の生えた昆虫、つまりチョウとガを研究する人々の学会）の発表を見ていると、チョウとガ、鱗翅類といっても、いかにさまざまなものがいるかに驚かされる。メスには翅のないガもいるし、いったいどうやってオス・メスが出会えるのか心配になるくらい数の少ない、いわゆる珍しいチョウやガもいる。そのいっぽう、やたらとたくさんいて、ときには畑や森林の大害虫になるのもある。かつてボルネオ島北部の東マレーシア・サバ州の広大なブルマス植林地では、大量に植林されたアルビジア（マメ科のモルッカネムノキ）に、この葉を食べるタイワンキチョウが大発生し、アルビジアの林はキチョウのまっ黄色な雲に覆《おお》われた。今は、いろいろな生態学的理由で大発生は収まっている。

メキシコのある山中に、有名なチョウの大越冬地がある。毎年冬になると、ここにはオオカバマダラというチョウが、それこそ無数に集まってきて冬を越す。とまったチョウの重みで枝が折れることもあるというから、その数の莫大《ばくだい》さもいくらか想像がつく。いつもここでチョウを撮っている昆虫写真家の海野和男氏のハイスピード・ビデオを見て、ぼくはそのチョウたちの姿に驚いた。しかしここは、全米のオオカバマダラが集まってくる場所で、そのチョウたちがここで生まれ育ったわけではない。

ある所で生まれ育っていくチョウの数は、複雑な生態学的要因に左右されている。そしてその根源には、それぞれのチョウの選んだ戦略がある。あるチョウだけを殖やそうとか、あるチョウだけを守ろうとか思っても、決して簡単にはいかないのである。

諫早で思ったこと

五月の中旬、九州の諫早《いさはや》へいってきた。諫早湾の入口をついに締め切ったという例の事件にびっくり仰天したからである。

そのときはもう締め切り後一か月も経《た》っており、満潮になっても潮が入ってこないまま、潟《かた》は乾ききっていた。

貝その他の生きものが息も絶え絶えになり、それを狙《ねら》って鳥たちが集まってくる、死んだカキや魚の腐臭で息もできない、などとテレビや新聞で報じられたのも、もう過ぎたこと、ぼくがいったときは、白く乾ききったカキ殻が、かつてのカキ漁場の干《ひ》潟《がた》を覆《おお》って累々《るいるい》とつづくだけで、鳥の姿も腐っていく生きものの匂《にお》いもなかった。それは完全に死の世界であった。

ぼくが諫早と関わりをもつことになったのは、数年前からのことである。トヨタ財団がやっている研究助成の一つに、「市民研究コンクール・身近な環境をみつめよう」というのがあった。ぼくはその選考委員長を仰《おお》せつかっていた。

この研究コンクールの第七回(いろいろな理由からこれが最後になってしまったのだが)に、諫早の山下弘文さん、富永健司さんたちのティームも応募していた。「諫早湾干拓の賢明な利用の実証的研究」を研究目標に掲げた「諫早湾干潟研究会」というティームであった。約一年間の予備研究の間に、委員長を除く全選考委員が、手分けして研究の現地に赴き、研究の様子や進めかたなどを見て必要な助言をする。そして予備研究報告会を経て、二年間の本研究へ採択されるかどうかが決まる。いよいよ本研究に入ったら、委員長はそのすべてを見にいって、現地で話を聞き、研究の成果があがるように助言もする。申請書と報告書だけで選考が行われていく通常の研究助成と異なって、おそろしく手のかかる大変なものであった。けれど、毎回六、七件ある本研究の中からは、まさに市民によるすばらしい研究が実ってきていた。山下さんたちのティームもそれらに劣らぬ成果をあげつつあった。

ぼくが選考委員長として諫早に赴いたのは、一九九六年の八月上旬であった。湾を締め切ろうという農水省の計画は着々と進行していて、諫早湾の沖合には、すでに長い堤防が築かれていた。しかし、途中の一か所は開いていて、海の干満にしたがって、潮は出たり入ったりしていた。潟も安泰で、有名なムツゴロウをはじめ、多種多様な潟の生きものたちが生きていた。山下さんたちが特に力を入れていたゴカイの仲間には、まだ名前もわからないものもたくさんいた。

山下さんたちは堤防の設置にも干拓にも反対なのではなかった。堤防の上をムツゴロウ・ロードにして、人々が干潟の生きものに親しめるようにしては、という提案ももっていた。ただし、全部を締め切ってはいけない。それはけっして賢明なやりかたではない、というのが山下さんたちの主張であった。

諫早干拓については、いろいろなことを聞いていた。今回の事件後、さまざまな立場からの意見が一斉に報道された。

あの浅い湾を大規模に干拓して田や畑にしようという今回の計画は、もうずいぶん昔に立てられている。当時の食料難と水害の時代に、それは比較的すんなりと通ってしまったらしい。しかし、その後さまざまなことがあったと聞く。

漁民たちが漁業権を放棄したのは、干拓賛成のためではなく、町から流れ込む水の悪化によって湾が汚れ、とった魚が売れなくなったからだという。水の浄化対策を要求する漁民たちに、かなりの額の補償金と引換えに漁業権の放棄が提案され、漁民はそれをのんだのだそうな。しかし、これが干拓へのゴーサインとなった。

湾の締め切りと遊水池の淡水化について諮問《しもん》された委員会は、ノーという結論をだした。けれどそれは無視されたと聞く。

社会党の長崎県本部は、はじめはこの計画に反対であった。けれど村山内閣のとき、「何にでも反対する社会党」というイメージの払拭《ふっしょく》を思ったのか、賛成にまわってしまった。そして地元の反対の声を抑えるのに力を尽くしてきたという。「反対しているのはよそ者ばかりじゃないか」という意見を大声でいえるのも、このおかげかもしれない。

締め切り決行の最終的なきっかけになったらしい地元農民の決起集会も、じつは田畑の排水強化を要望するものであったと聞く。干拓のために海に堤防を作れば、潮の具合でどうしても堤防の外側に土砂がたまる。したがって干拓地は低くなり、水捌《みずは》けは悪くなる。オランダのように電力を使ってでも田畑の排水をやってほしい、というのが要求であった。けれど、それならもっと外で湾を締め切ってしまえばよいではないか、ということで、一挙に締め切りが断行された。

その二九七枚の締め切り板は、ボタン一つ押せばあっという間に落ちるように設計されていたという。すばらしいハイテクのおかげである。けれど誰が押したのかわからないように十一個のボタンが用意され、県や業界の十一人の人が一斉にそれを押したという。銃殺やギロチンの場合と同じではないか！

では、海に手をつけたりせず、もともとの干潟のままで残しておけばよいのか、そうすればムツゴロウは守れる、ということになるのか？　けっしてそうではないらしい。諫早では古く江戸時代から人力で干拓がなされている。干拓のおかげで、諫早は山国の九州でも田畑に恵まれてきた。かつての日本では、食いぶちを減らすために、生まれた赤ん坊の間引きがふつうに行われていた。諫早ではその必要がなく、堕胎医もいなかった。不幸にも不義の子を身ごもった娘は、遠く大村や長崎までいっておろしたという。干拓は人間を生かすのに大きな役目を果してきたのだ。けれど干潟は存続し、ムツゴロウも生きていた。

こういう話はすべてぼくが聞いたことで、資料にあたって調べたものではない。だからそれらがどこまで確かなことなのか、ぼくにはわからない。

けれどぼくが感じるのは、とにかくことは複雑きわまりないということだ。これこそが正しい、というものはおそらくないのだろう。そしていくつかの新聞の社説でいわれているとおり、かつてはかなり正しい選択であったことも、時間とともに意義が変わってしまう。人間は正しいことばかりできるわけではない。まずい点に気がついたら、面子《メンツ》や責任にこだわらず、そのときどきで修正していくべきなのだ。それができなければ、可哀《かわい》そうなのはムツゴロウではなく、われわれ人間だということになる。

灯にくる虫

いよいよ夏になって、灯にくる虫も多くなった。門灯や街灯はいうに及ばず、家の中の電灯にも、いろいろな虫がやってくる。

ぼくは基本的にいって、部屋の中に虫が飛びこんでくるのがそれほど気にならない。顔のまわりをブーンといって飛びまわったり、紅茶の中に飛びこんだり、蛍光灯のまわりにぶつかってカチャカチャ音をたてたりして困ることもあるが、まあ日本には毒虫その他悪い虫はあまりたくさんはいないから、入ってくるにまかせておくことも多い。

昔はときたまブーンというすごい音とともに、カブトムシが飛びこんできて、大感激をしたこともある。今はもうそんなこともなくなってしまったが、夜風が快いときなどは、風とともに虫が入ってくるのもたのしみのうちである。昼には見かけたこともない、どこでどうしていたのやらもわからない小さな虫たちが目の前で飛んだり走りまわったりしているのを見て、ああ、お前たちまだ町にいたのかと、心が休まる思いもする。

こういう虫たちは一晩じゅう灯に集まってくると思っている人も多いが、けっしてそんなことはない。

かつてぼくがまだ高校生の頃、東京・世田谷の成城学園生物部では、よく「夜間採集」というのをやった。

運動場の一隅とか、広くて見通しのきく場所に、二メートルほどの棒を二本、しっかり立て、その間に白い幕を張る。白いといっても、生物部の部室の古ぼけたカーテンをはずしてきたものだから、もうだいぶ日に焼けて黄色っぽくなっており、大きなしみも少なからずあった。

でも、夜の暗がりで見れば白い布である。そしてその前に、部室からあやしげな長いコードをひいてきて、高さ約一メートルの杭《くい》のてっぺんにとりつけた電球につなぐ。まだ蛍光灯などない時代だったから、三〇〇ワットか五〇〇ワットの大きな丸い白熱電球は、物理の教室から借りてきたものだ。

準備ができてあたりが少し暗くなってきたころ、部室のほうから合図がある。「さあ、電源を入れるぞ！」。とたんに電球がパッと灯《とも》る。感動の一瞬である。

暗くなっていくにつれて、白幕の上にはどんどん虫がやってきはじめる。電球の光を目がけて飛んできた大小の虫たちは、電球のまわりをぐるぐる旋回したのちに、うしろの白幕にとまる。

それをぼくらは毒びんや吸虫管で採集してゆく。うっかりすると虫にすばやく逃げられたり、あっという間に飛びたたれたりもする。臭いカメムシを吸虫管で吸いこんで悲鳴をあげる部員。お前、ばかだなあ！　とどなられて一瞬しょげているが、すぐ気をとり直して次の獲物を狙《ねら》う。

ときたま大きなガなどが飛んでくると、捕虫網の出動だ。捕らえられたガは賞讃《しょうさん》の声の中で、いったん三角紙に収められ、それから三角紙ごと大きな毒つぼに入れられた。そうしないと毒つぼの中でばたばた暴れて、せっかくのはねが台無しになってしまうからであった。

日がとっぷり暮れた八時半ごろから宵の十時、十時半ごろまでの間は、こんなふうに次から次へと虫がやってくる。コガネムシもくるし、コメツキムシもくる。かと思うとキリギリスの仲間が飛んできたり、セミもやってくる。ときには何をまちがえたか、トンボまでまぎれこんでくる。飛んでいる間は、え、これは何だ？　と思う虫も、白い幕にとまればすぐわかる。あ、クサカゲロウだ、ゾウムシだ、とみな知っているかぎりの虫の名を叫びながら、つかまえていく。部員たちは大忙しながら、夜間採集の楽しさに半ば酔っている。あとでこの虫たちを標本にしたり、正確な名前を調べたりすることの苦労など考えもせずに。

けれどその時間を過ぎると、やってくる虫たちの数はぐっと減る。白幕の上には捕らえ残した虫や、捕らえる気もしない羽アリその他の「当たり前」の虫たち、それから、捕らえても名前の調べようもない微小な虫たちがたくさんうごめいているが、新しく飛んでくる目立つ虫はほとんどいない。

真夜中も過ぎる頃は閑散の一語につきる。部員たちも飽きてくる。疲れと眠気で、一人、二人と部室へ引き上げていく。部室には多少の食いものもあるし、仮眠の場所もあるからだ。

二時、三時となると、もう虫たちはほとんどやってこない。ごくときたま、ブーンとかバサバサという音とともに、カブトムシや大きなガがぼくらを驚かせるだけだ。

四時半も過ぎて、夜が明けてくると、もうほんとに何もこなくなる。こなくなるどころか、白幕にとまっていた虫も、いつの間にかどこかへ姿を消してしまっている。こうして夜間採集は終わり、ある種の満足感とともに、けだるい疲れと眠たさが残るのだった。

つまり、虫たちが光にくるのは、日が暮れてしばらくの間だけなのである。それが虫たちにとってどのような時間なのか、ぼくには今でもよくわからないのだが、いくつかの虫についての経験からすると、それは虫たちが地上から飛びたち、メスを求めて、あるいは産卵の場所を探して、飛びまわる時間であるらしい。

けれど、そもそも虫たちは、なぜ光に集まってくるのだろう？　人間がこの地球上に出現し、火をたくことを始めるまで、夜の地上に光というものはなかった。あるとすれば、それは山火事か火山ぐらいだったろうが、そんなものがいつも存在していたわけではない。

けれど、ほとんどすべての虫が、光に集まってくる性質をもっている。なぜなのだろうか？　ぼくにはそれが疑問だった。

虫がどのようにして光のほうへ飛んでいくのかは、いろいろと研究されていた。いちばん単純なのは、刺激相称説である。虫が左の目に強く光を受けると、自動的に反対側、つまり右側のはねが強く打って、虫は左へ回転し、右の目にも同じくらいの強さの光を受けるようになる。そうしたら虫は、そのまままっすぐ光に向かうという説である。

このほかにもいろいろな説が唱えられているが、いずれにせよ、虫はなぜ光に向かって飛ぶのか、という疑問には答えていない。

虫たちがなぜこんなに光にひかれるのか、ぼくなりにわかったような気がしたのは、ずっとあとのことであった。

昔ぼくはある先生に、「虫はなぜ光に集まるのですか？」と質問してえらく叱《しか》られた。「君、科学にはなぜという質問はないんだよ。科学で答えられるのは、いかにして？　という問いだけだ」。そしてその先生は、「なぜ？」とは英語の why? であり、「いかにして？」は how? である、科学は why? と問うてはいけないのだ、と教えてくれた。ぼくはこれに、いいようのない不満と反発を感じた。

その後、科学も why? と問うてもいいように、世の中は変わってきた。しかし、虫がなぜ光に飛んでいくかという議論にはさっぱりお目にかからなかった。

ずっと後、もう一九七〇年代に入ったころ、ぼくは東京農工大学でアメリカシロヒトリというガの研究をしていた。その名のとおり、終戦のときにアメリカから入ってきた、白い小さなヒトリガである。これがサクラや街路樹に卵を産み、かえった毛虫が木を丸坊主にするので大問題となり、アメリカシロヒトリ撲滅のキャンペーンが大々的におこなわれた。

丸坊主にされた街路樹はそれで枯れることはない、街路樹を枯らすのは排気ガスだ、と感じていたぼくは、アメリカからやってきたこの白いガが、どうやって日本で繁殖しているのかというほうに興味があった。

春、冬越ししてきたサナギからアメリカシロヒトリのガがかえると、やがて卵を産む。この卵からかえった毛虫が育ってサナギになり、七月の半ばから末に、二回目のガがでる。

地面に近い木の幹のわれ目や壁のすきまにいるサナギから、夜の七時半ごろ、つまり日没から一時間後に、まだ羽の伸びていない小さなガがでてくる。そして開けたところにとまって羽を伸ばし、ガの姿になる。

夜の九時ごろになると、これらのガは次々と飛びたち、地上から夜空へ舞いあがっていってサクラやミズキの梢《こずえ》の上に達し、梢の上を飛びまわりはじめる。そして夜半前にはそれらの木の葉裏にとまり、じっと朝の配偶行動の時間まで待つのである。

夜九時ごろに飛びたったガは、もし近くに強い光があると、たいていはその光へ向かって飛んでいってしまう。誘蛾灯《ゆうがとう》での調査では、アメリカシロヒトリのガが光にいちばんよく飛んでくるのはこの時間なのである。つまり、前に述べたとおり、宵のひとときだけなのだ。

こういうことを見ているうちに、ぼくには虫がなぜ光に向かって飛んでいくのかがわかったような気がした。

虫たちにとっての天然の光とは、夜空の明るさなのである。

アメリカシロヒトリをはじめとして、多くの虫たちは、じっと動かずにいるサナギの時期を、林の中の地上、いわゆる林床ですごす。そこは鳥もあまりこないから、比較的安全なのだろうが、それでもサナギは木の皮の下や幹の割れ目、石の下、土の中などにかくれている。

いよいよサナギから成虫になったとき、夜の林床はほとんどまっ暗である。下草は多少生えているかもしれないが、それはたとえばアメリカシロヒトリにとっては何の関係もない草だ。アメリカシロヒトリはサクラとかミズキとかいう木の葉に卵を産み、幼虫はそれを食べて育つ。親のガはそういう木の葉を探し出さねばならない。

けれど今、彼ら、サナギから出たばかりのガたちがいるのは林床である。木々の梢はずっと上にある。そしてガをはじめとして多くの虫たちは、木々の梢の上を飛びながら、木々の葉からほのかに立ち昇ってくる匂《にお》いで自分の求める梢をみつけだす。

林床の地面に沿って、水平に横へ横へといくら飛んでみても、めざす木の葉には出会えないだろう。林床には彼らとは関係ない草と木々の幹があるだけで、木々の梢はないからだ。どうしてもいったんは林の梢の上に出て、木々を上から見おろす状況に身をおかねばならない。

そのとき大きな助けになるのが光へ向かう性質ではないのか？　どんなに暗い夜でも、空は林床より明るい。月が出ていればもちろん、月がなくていわゆる星明りだけでも、木々の梢から洩《も》れてくる空の明るさに、虫は反応するだろう。光のほうへ飛ぼうとする、もって生まれた性質によって、虫は暗い林床から空へ向かう。光が見えているのは木々の葉のすきまだ。虫は飛びながらそこを抜けて、梢の外側へ出る。

林の梢の外へ出てしまえば、あとは梢に沿って飛ぶだけだ。目ざす木の匂いがしたら、その葉に近づき、とまって触角でさわって調べてみる。たしかにお目当ての木だったら、そのまま葉裏にまわりこんで、じっとしていればよい。まもなく配偶行動の時間がやってくる。オスはふたたび飛びたち、とまったまま性フェロモンの匂いを放ちはじめたメスを求めて探しまわる。

このときには光はもはや必要でない。そのため、この時期のオスたちはあまり光に飛んでこない。とまったままでいるメスたちはもちろんのことだ。こうしてオスはメスをみつけ、二匹は合体して性の営みが始まる。こうなったら、もう光は関係ない。あったらむしろ邪魔になるだけだ。

虫たちはなぜ光に集まるのか？　昔から抱きつづけてきた疑問に、ぼくは今やっとその答がわかったような気がしている。

それは、虫たちが暗い林床から林の外へ早く出るためなのだ。夜空からやってくるほのかな光。虫たちはそれに向かって飛ぶという性質を、いつのまにか身につけた。人間があまりに強い光をつくりだしたために、虫たちの人生は歪《ゆが》められてしまったのである。

動物の予知能力

秋、カマキリが高い所に卵を産むと、その冬は雪が深い、とか。

雪国ではあちこちにこのような言い伝えがある。

カマキリにはオオカマキリ、チョウセンカマキリ、ウスバカマキリ、ヒナカマキリなどいろいろな種類があるが、いずれも秋、九月の末から十月ごろ、木や灌木《かんぼく》の細い枝や、丈の高い草の茎に卵を産む。

卵は数十個が塊りになって、一見フワフワした覆《おお》いに包まれた卵嚢《らんのう》として産みつけられる。卵嚢の覆いは発泡スチロールのような多孔質で、その形や色や硬さは種類によって異なるが、カマキリのこの卵嚢にはたいていの人がおなじみであろう。

多孔質の覆いは熱を遮断《しゃだん》して暖かそうに見えるけれど、そのほんとうの役割は中の卵を寒さから守ることではない。この覆いは水を絶対に通さないので、雨が降ろうが雪が降ろうが、中の卵は湿ったり濡《ぬ》れたりすることがない。冬を越す昆虫にとっていちばん恐ろしいのは寒さではなく、乾燥して干からびたり、あるいは凍ってしまったりすることである。水を通さぬ卵嚢の覆いは、こうして卵を乾燥や凍結から守っているのである。

とはいえこの覆いは人工のプラスティックではない。卵嚢が一冬じゅう雪に埋もれていたら、その効力も失われてしまうだろう。

だから、カマキリは、初めに書いた言い伝えによれば、秋、来たるべき冬の雪の深さを予知して、それに応じた高さの所に卵を産むというのである。

これはたしかに理にかなっている。しかし、まだ雪などまるきり降っていない十月ごろに、どうしてその冬の雪の深さを予知することができるのだろうか？

雪の深い年は寒いかもしれないが、九月や十月の、しかもカマキリが産卵活動をする昼間は、いかに雪国地方とはいえまだまだ暖かい。汗ばむ日だってあるだろう。それなのにどうしてカマキリは来たるべき雪の深さを予知することができるのだろうか？　そう考えてみると、この言い伝えはどうも信じがたい。それは単なる迷信にすぎないようにも思えてくる。

去年の春、新潟県長岡市にある国立長岡技術科学大学の丸山暉彦《てるひこ》先生からぼくに電話がかかってきた。「長岡にお住まいの酒井さんという人がこの言い伝えの真偽に取り組んで、十年以上にわたって新潟県の各地でたくさんのカマキリの卵嚢の高さを克明に記録し、それとその冬の雪の深さとの関係を調べてきた。統計学的手法も用いてきちんと解析してみると、やはりカマキリは来たるべき雪の深さを予知し、それに応じた高さの所に卵を産んでいるとしか思えない。これは土木工学の分野では貴重な発見といえるので、うちの大学の工学博士の学位を差し上げたい。ついては生物学の分野の人として、その学位審査委員になってはもらえまいか」

ぼくは丸山先生のこの話をきいて、正直なところびっくりした。ほんとにそんなことがあるのだろうか？

「とにかくすごくおもしろい話です。これまでにその方が書かれたものや資料などがあったら送っていただけませんか」

いささか半信半疑ながら、ぼくはこうお答えした。

やがて丸山先生から資料が送られてきた。それは大変慎重なものであった。

卵嚢の産みつけられた高さと雪の深さとの関係といっても、ことはそれほど簡単ではない。気象情報で積雪一メートルといっても、吹きだまりにはもっと深く雪がたまる。反対に吹きさらしの場所では雪は風に吹きとばされて、二、三〇センチしか積もらない。カマキリにとっては平均値としての気象情報ではなく、こういうその場その場での具体的な雪の深さが問題のはずである。

酒井與喜夫《よきお》さんは、酒井無線という通信工事関係の会社の社長さんで、いわば全くの素人《しろうと》である。その酒井さんはまさに素人の情熱で、徹底的にカマキリの卵嚢の高さを調べて歩いた。しかも、吹きだまりか吹きさらしかというような補正法を考案してそれを加えながらデータを集めていったのである。

十年あるいはそれ以上にもわたるそのようなデータの集積を丹念に見ていくと、どう考えてもカマキリはその場所の来たるべき冬の雪の深さを予知し、その雪に埋まってしまわないような高さに卵を産んでいるとしか思えないのだった。

何でもいいから五メートル、六メートルもの高さに卵嚢を産んでおけば、その冬にどんな雪が降っても大丈夫なことはきまっている。けれど、そんな高い草はないし、灌木でもそれほどの高さに達するものは少ない。雪の深さを予知して、最低限の所に産むほうが、産卵場所の選択はずっと広まる。カマキリはそれをやっているのではないだろうか？

いつも雪の深い土地、あるいはいつも雪の少ない土地に住んでいるカマキリを何十匹かずつもってきて、新しく造成して木を植えた、つまりそれまでカマキリのいなかった場所に放して卵を産ませる実験の結果、カマキリたちはほんとにそうしていることが明らかになった。長岡工業高専の湯沢昭先生による数学的手法の助けも交えて、今やこのことは確かである。

今年（一九九七年）の五月、学位審査のための公聴会が開かれ、六月には酒井さんは工学博士（博士・工学）となった。前々からカマキリ博士として地元ではよく知られていた酒井さんは、いよいよほんとの博士になったのである。日本の雪氷学界ではすでに有名だったカマキリの積雪予知能力は、これで疑うべからざるものになったといってよい。

けれど、カマキリはどうやって来たるべき雪の深さを予知できるのであろうか？

この地方でカマキリが卵を産むピークは十月の初旬から中旬である。実際に雪が降りだすのは十一月の末。根雪になるのは十二月に入ってからだ。卵を産んだカマキリはもちろんすぐに死んでしまう。死んでから二か月先のことを、いったいどうやって予知するのだろう。

酒井さんは今その問題と取り組んでいる。動物の予知能力をオカルトの世界の問題にしないためにも、ぼくは大いにたのしみにしている。

洞窟昆虫はどこから来たか

学生のころから、ということはつまり四十年近く前から、ぼくは洞窟《どうくつ》昆虫に興味をもっていた。神秘的な洞窟の奥深くには、目のない洞窟昆虫がいて、暗黒の中で生きている。彼らの生活はどのようなものなのだろうか。

そして彼らの変わった形。洞窟生物学の創始者といわれるフランスのルネ・ジャネルの本には、目がなく、大きくふくれた腹に長い感覚毛を生やした甲虫の図がいくつものっていた。実物は体長何ミリという小さな虫であるが、もしこれがカブトムシぐらいの大きさだったら、ずいぶん異様なものだったろう。

洞窟昆虫への関心の焦点は、このような虫の起原と進化であった。いったい彼らはなぜそのような環境に棲《す》みつくようになったのか？　もともとはどんな虫であったのか？　いつどのようにして目がなくなったのか？

もっとも安易でだれでも思いつくのはラマルク主義的な解釈であった。洞窟の中はつねに完全に暗黒である。目があっても使う必要はない。だから目は次第になくなった。

もちろんこれにはダーウィン主義からの反論があった。今さらラマルキズムは問題外だ。洞窟の中でもいろいろな突然変異が生じたはずである。その中には目のない突然変異もあった。そのような突然変異体は目という余計なものを作るコストをかけないだけでも得になり、そのようなものが増えていったろう。だから今日の洞窟昆虫は目がないのだ。

このようなオーソドックスな説明に対して、ジャネルの考えは変わっていた。『進化の歩み』（原題“La marche de l'évolution”）という本で、彼は次のようなことを言っている。

——洞窟昆虫の棲んでいる環境はきわめて特異である。一年中、完全な暗黒で温度は低い。湿度はつねに一〇〇パーセント。だから、洞窟の中では陸生、水生の区別もないし、体を乾燥から守る固い外皮（クチクラ）も必要ない。目はなくなっているから、外界の認知は体全体に生えたやたらと長い感覚毛にたよっている。

陸上に生活しているふつうの昆虫が、このような特異な環境で、それゆえにきわめて特殊な適応を必要とする洞窟にいきなり入っていっても、とうてい生きてゆくことはできない。洞窟に棲む昆虫が洞窟昆虫になるためには、あらかじめそれ以前に、似たような環境での「前適応（préadaptation）」が必要であった。

寒冷で湿った場所、たとえば氷河のわきの石の間などには、しばしば目が退化した甲虫が棲んでいる。低温と高い湿度のために虫の体内での酸化現象が抑えられ、目の色素は形成されず、したがって視覚が弱くなって代わりに体の感覚毛が発達している。外皮が固くなることも抑えられるので、皮膚は軟らかいままで、乾燥には耐えられない。

このようになってしまった種《しゅ》は、もはやこの環境から離れることはできない。もし、気候の変動がおこって、そのような場所が乾燥しはじめたら、これらの種は死滅するか、さもなくば地中深くに逃げこむほかはない。もし、近くに深い洞窟があったなら、彼らはその洞窟に潜りこむだろう。

洞窟の外で、しかも明るい環境ですでに目が退化し、皮膚も軟らかくなっていたそれらの虫たちは、洞窟の中でも十分うまくやっていける。そしてさらに適応して進化してゆく。洞窟昆虫はこのようにして生じたのだ。

こうジャネルは考えたのである。これは環境が間接的とはいえ体の形質を変化させていくという点で、新ラマルク主義といえる。

ダーウィニズムの時代に、ジャネルのこの新ラマルク主義的説明はほとんど共鳴者をもたなかった。しかし、それから四十年もたったのち、上野俊一氏によって洞窟昆虫の驚くべき正体が明らかにされるに及んで、ジャネルのこの考えはかなり的を射たものであったことがわかったのである。

国立科学博物館動物研究部の上野俊一氏は、京大の学生であったころから洞窟昆虫に興味をもっていた。日本や外国の洞窟に次々もぐって、そこに棲む昆虫を採集した。洞窟での採集にはさまざまな危険が伴う。しかし、それを乗りこえての研究の成果は、じつに興味ぶかいものであった。目のない、腹の大きくふくれた、洞窟の外では見られないような虫たちが次々にみつかっていった。そのほとんどが新種であった。

採集される昆虫は、ふつう、洞窟ごとにちがっている。それらの洞窟はどれも何十万年から百万年以上昔にできたものだから、この長い年月の間にそれぞれの洞窟でそれぞれちがう種が進化したのだろう。そのもとになった虫は、ジャネルの説のように、洞窟の外で「前適応」したものかもしれないが、それが洞窟に入りこんだのちに、その洞窟なりの進化を遂げて、それぞれ特殊な種になったのであろう。

洞窟昆虫の研究者は、みなそう考えていた。上野氏もそう考えていた。その上野氏に、富士の裾野《すその》にある溶岩洞調査の話がもちかけられた。一九六〇年代の終わりごろのことである。

上野氏は気乗りがしなかった。通称「富士の風穴《ふうけつ》」として知られるこれらの溶岩洞は、せいぜい一万年そこそこ前くらいにできたきわめて新しい洞窟である。洞窟昆虫が進化するにはあまりにも新しすぎる。おまけに、上野氏のそれまでの研究では、洞窟昆虫がみつかるのは、石灰岩地帯にできた、いわゆる鍾乳石《しょうにゅうせき》などのある石灰洞であって、玄武岩の山にできた玄武洞その他の形の洞窟にはほとんど洞窟昆虫はいないのである。

しかし、洞窟生物学の第一の専門家として調査隊に加えられてしまった上野氏は、気の進まぬまま風穴へもぐることになった。

ところが、である。一部の風穴には正真正銘の、目のない洞窟昆虫がいたのである。上野氏は驚いた。たった一万年でこのように昆虫が進化するものだろうか？

その後しばらくして、上野氏はさらに驚くべきことにであった。伊豆の古い金鉱山の坑道の中で、目のない、完全な洞窟昆虫が採集されたのである。この坑道はわずか一〇〇年しか経《た》っていない。一〇〇年でこんなに種が進化するとは到底考えられないのである。

金鉱の坑道では、昆虫の他に目のない洞窟性のクモもみつかった。そしてなんとこのクモは富士の風穴でみつかったのと、まったく同じ種であった。この金鉱と富士の風穴とは二〇キロメートルほど離れている。この目のない微小なクモは、地上をのこのこと二〇キロも歩いていったのだろうか？

上野氏たちは、地崩れの危険を冒して、あちこちの廃坑を調査した。多くの廃坑で目のない真の洞窟昆虫がみつかった。それらの廃坑は掘られて五十年ほどしか経っていないものだった。みつかった洞窟昆虫は、その近くの洞窟にいるのと同じ種であった。

もはや結論は一つしかない。洞窟昆虫は洞窟で進化したのではない。それらの虫は、われわれが歩いているこの大地の地中深くに広く棲んでいるのであり、それがたまたま、おそらくは、より豊かな食物を求めて、洞窟や人工の坑道に「入りこんで」きたものなのだ。

上野氏たちは、じっさいに大地を掘ってみた。そして洞窟とは関係ない場所の地中から、洞窟昆虫をみつけだした。

前に、ジャネルの前適応説はかなり的を射たものであったと書いた。じつをいえば、ジャネルの説はまちがっていた。けれどそれは、洞窟昆虫を考えるのに洞窟の外にまで目を向けたという点では、一つの卓見であった。しかし、上野氏の発見は、それをはるかに越えるものだったのである。

秋の蛾の朝

このところやたらと忙しくて、朝、京都の自宅の庭のサクラに目をやる時間がない。じつはもうそろそろ、ウスバツバメというガが、朝早くサクラの梢《こずえ》を飛びまわるはずの季節なのだ。

朝の六時半から八時ごろまでの間、サクラの梢のまわりをひらひら舞うのは、ウスバツバメのオスたちである。

ウスバツバメはマダラガ（斑蛾）科という仲間に属するガである。大きさはモンシロチョウぐらい。白くて後翅《こうし》の後端が尾のように伸びていて、かわいらしく美しい。チョウとガは本来まったく同じ仲間の昆虫で、一括して鱗翅《りんし》類と呼ばれる。翅《はね》に鱗粉をもつ昆虫の仲間という意味である。この鱗翅類の研究をしている人々の作っている学会が、日本鱗翅学会で、今、ぼくがこの学会の学会長なのだが、リンシ学会の会長をしてます、というと、たいていの人は「それは大変でしょうね」という。なぜそういうのかわからないので、「はあ？」といいながら話を続けてみると、そういう人々はリンシと聞いて臨死体験の「臨死学会」と思っているのだった。

それはともかくとして、このウスバツバメというガは、一年のうちでたった一回だけ、秋おそくに現れる。現れるといってもそれはもちろん親のガの話で、幼虫はべつの季節にいる。つまり、サクラの葉が茂る春から夏にかけて、幼虫はサクラの葉を食べているのだ。そして、六月ごろ、サクラの葉や、その近くに生えている植物の葉を折り曲げるようにしてまゆをつむぐ。

まゆの中での経過はけっこうややこしいのだが、要するに、秋おそくのこのころ、まゆの中のサナギから、白い美しいガになって現れてくるのである。

ガとチョウは、形態の上で本質的には全くちがわない。ちがいはチョウが昼間活動し、ガは夜に活動するということだけだ。

ところが、夜の生きものであるガの中には、その本来の姿から転向して昼に飛ぶようになった、いわば「昼のガ」がかなりたくさんいる。ウスバツバメを含むマダラガの仲間は、すべて昼のガである。昼のガの多くは、とてもガとは思えぬくらい派手で、チョウのように見えるのがおもしろい。

ついでにいっておくが、もともと昼に活動するチョウたちの中で、もっぱら夜に飛ぶようになったものはいない。つまり、「夜のチョウ」なるものは人間の世界にしかいないということである。

「昼のガ」であるウスバツバメは、「昼」を二つに分けて使っている。一つは早朝。前にも述べた通り、朝まだ薄暗い六時過ぎから、八時ごろまでの間である。この時間に、ウスバツバメはオスとメスが求めあう。

もう一つは午後。この時間にウスバツバメのメスは、卵を産むためにひらひらと舞って、あちらこちらのサクラの木を求めてまわる。その姿はモンシロチョウかスジグロシロチョウかと見まがうほどである。

朝早く、ウスバツバメのメスは、サクラの葉裏にじっととまって、腹の先端からオスを誘う性フェロモンを放出しはじめる。

それと同じころ、オスたちはサクラの葉から飛びたち、サクラの梢の上を優雅にひらひらと飛びまわりはじめる。他のガの場合と同じく、オスたちを二時間近くも飛びつづけさせるのは、空中にうすく拡散したメスの性フェロモンのせいらしい。

そのうちに、ある一匹のオスが、メスのとまっている葉の近くをひらひらと通りすぎる。そこでオスはメスの存在に気づき、急いで向きを変えてメスのもとに赴く、とそれを観察しているぼくは思う。

ところがたいていはそうならない。オスはそのままひらひらと飛びつづけ、メスから遠ざかってしまう。

こんなことが何度もおこる。時間はどんどん経《た》っていって、もう七時だ。いったい何をしているんだよ。

だがそのうちに、どういうわけかわからないが、一匹のオスがメスに近づいていって、メスのいる葉のついた小枝の先にとまる。そして今や一段と強いであろう性フェロモンの匂《にお》いに導かれて、翅をパタパタさせながら、メスのほうへ歩いていく。するとつづいて二匹目のオスがやってくる。そして三匹目、四匹目。ときには二十匹近いオスが集まってしまうこともある。

オスたちはみな翅をパタパタしながら、メスを探す。けれど目はほとんど利《き》かないらしく、強い性フェロモンの匂いで「ここにはメスがいる」と確信するのか、さかんに腹を左右に動かして、メスの腹を求めるだけだ。

肝腎《かんじん》のメスは？　と目を移すと、なんとメスはそれまでとまっていた葉を離れ、枝のほうに移っている。そして、そろりそろりとオスたちとは反対のほうへ歩いてゆくのだ！

オスたちはそんなこととは知らないらしい。フェロモンの匂いの中で腹を振り動かし、腹の先の鉤《かぎ》で、メスの腹をつかもうと必死になっている。そのうちに一匹の腹の鉤が目ざすものをはさんだ。だが、そう思ったにちがいないオスがつかんだのは、他のオスの腹であった。それをまたべつのオスの鉤がはさむ。

次々とこんなことがおこりはじめて、オスたちは混乱状態になる。腹をはさまれて引っ張られたオスが、もんどりうって枝から落ちる。いつ果てるともしれぬこのおぞましい争いに見切りをつけて、飛び去るオスもでてくる。

メスは？　というと、あいかわらず少し離れたところで、あたかもオスたちの闘いを高みの見物といった風情《ふぜい》である。

そのうちについに一匹のオスが残る。彼は小枝をそろそろと歩いて、メスのほうに近づく。すると、メスはこのオスを受け入れて交尾を許すのだ。

見ていると、メスはオスたちを闘わせ、最後まで勝ち残ったオスを配偶者に選ぶようにみえる。けれど、このオスが近づいてくる途中で、ひょいとメスのところに舞い降りるオスがいる。そういうオスは、何の労もなく、メスを手に入れてしまうのだ。メスもこのちゃっかりオスにだまされるらしい。

晩秋の朝早く、サクラの木の梢で展開されるこのできごとは、ぼくにとってはじつにおもしろかった。オスどもの闘いとだまし、なんともいえないものであった。

それにしても、一年に一回しか現れないウスバツバメ。その彼らがサクラの木の枝先で人知れず繰り広げているこの闘いに、ぼくは昆虫たちの生のきびしさをひしひしと感じる。

モンシロチョウの一年の計

秋もすっかり深まって、モンシロチョウの姿もみかけられなくなった。ああ、また冬がくるのだなと思うと、急にモンシロチョウのことが懐《なつ》かしくなってくる。

考えてみると、あたりまえのチョウ、モンシロチョウもふしぎなチョウである。モンシロチョウは、毎年、われわれのまわりでいちばん早く現れて、いちばんおそくまでいる。ときどき姿を消すが、それは幼虫が育っている時期である。そしてほぼ一か月ごとにチョウとなって、春早くから秋おそくまで、その白い姿が道ばたや畑の上をちらちら舞っている。暖かい年や暖かい土地では、出るのも早く、秋も遅くまでいる。これは何でもないことのように思えるが、日本のチョウとしては実はかなり例外に属することなのである。

たとえば、黄と黒の縞《しま》模様のアゲハチョウ（正式にいえばナミアゲハ）は、春にチョウが出てくる時期も、秋に姿を消す時期もきちんときまっており、少しぐらい暖かい年でも寒い年でもそれほど変わらない。それはナミアゲハが必ず休眠サナギで冬を越すからである。

カラタチやサンショウの葉を食べて育ったナミアゲハの幼虫がサナギになるとき、そのサナギが休眠サナギになるかどうかは、幼虫時代の日長できまる。

昼の長さ、つまり日の出から日没までの時間と薄明薄暮の三十分を足した時間が一二時間四十五分より短くなると、その日長のもとで育った幼虫は休眠サナギとなる。休眠サナギはたとえ暖かくても、翌年の春まではチョウにならない。

だからナミアゲハは、秋おそくに異常に暖かい日が続いても、もう一回チョウとして現れたりすることはない。休眠サナギになるかどうかは、いわば「天文学的」に決ってしまうからである。

モンシロチョウの幼虫が休眠サナギになって翌春まで眠ってすごすことになるか、それともすぐチョウがかえる非休眠サナギになるかは、日長ではなく、温度できまる。だから、暖かい年には、秋おそくにまたチョウが出ることがある。その結果、ずいぶんおそくまでモンシロチョウがいることになる。

なぜこんな違いが生まれたのだろう？

おそらくそれは、ナミアゲハとモンシロチョウの食べる植物の性質の違いによるのだろうと思われる。

ナミアゲハの幼虫が食べるのは、カラタチやサンショウだ。これらの植物は、秋になると、葉を落としてしまう。その時期は何できまっているのか、ぼくはよく知らないが、とにかく単純に暖かいとか寒いとかいうことではないらしい。十月になれば、気温とはあまり関係なく、葉が落ちてしまうのである。だから、たまたまその年が暖かかったからといってもう一回チョウが出てきたとしても、もう卵を産むべき植物の葉はない。子孫を残すことはできないのだ。だから、そんなにおそくチョウになってみても、何も得ることがない。

けれどもモンシロチョウは違う。モンシロチョウの幼虫が食べるのは、アブラナ科の植物である。これらの植物は秋に芽生え、冬を越して、翌春、花をつける。冬の寒さに耐え、暖かい日があれば成長さえする。だから、秋おそくに暖かくてもう一度チョウが出ても、うまくいけば卵を産むべき植物はあるのだ。

もともと北方のチョウであるモンシロチョウは、幼虫も寒さに強い。四国や九州のように少し暖かい土地でなら、冬を耐えている畑のキャベツの上で、真冬にモンシロチョウの幼虫を見かけることも珍しくない。

そういう幼虫は、暖かい昼間には、もぐもぐとキャベツの葉を食べている。そして、ゆっくりとながら成長もしているらしい。

昔ぼくは、四国でこういう幼虫をたくさんつかまえたことがある。そのとき思ったのは、この幼虫たちが少し寒さのゆるみ始めた春先にサナギになったらどうなるのだろうということだった。

すでに述べたとおり、モンシロチョウの幼虫が休眠サナギになるかどうかは、日長ではなくて温度できまる。二十度より温度が低いと、たとえ日長が長くても、休眠サナギになってしまう。

そうすると、まだ気温の低い冬の終わりにサナギになると、そのサナギは休眠サナギになってしまうのではないか？　そしてまもなく暖かくなってくるが、いったん休眠サナギになってしまった以上、休眠は醒《さ》めない。休眠から醒めるには、一定の期間（一か月〜二か月の間）寒さにふれる必要がある。ところがもう春が近くなっているので、目醒めに必要な寒さはもはや得られない。だから、そんな時期にサナギになってしまうと、そのサナギはもうチョウにはなれないのではないか。

もしそうだったら、かわいそうなことだ。ぼくはそんな同情すら感じてしまった。ところがいろいろ調べてみると、どうもそんなことにはなっていないらしいのである。

つまり、冬に育っているモンシロチョウの幼虫は、冬の間にはサナギにならないのだ。ならないというより、寒さのためにサナギになれないのである。そしていよいよ春になって気温が全般的に高くなってくるとサナギになる。そのときはもう暖かくなっているので、休眠サナギにはならない。

　こうして三月の初めごろ、前年の秋に卵からかえってのち四か月も経《た》って、やっとサナギになる。このサナギは非休眠サナギだから、三月の半ばにはチョウになる。前年の秋に、ちゃんと休眠サナギになったものも、その頃にはチョウになる。こうしてモンシロチョウは、冬を休眠サナギですごしたか、幼虫ですごしたかにかかわらず、早春から飛びまわりだすのである。

　ナミアゲハにこんなことはできない。ナミアゲハだけとはかぎらない。ほかのアゲハだってそうである。サナギが休眠するかどうかは、年によって変動する温度ではなくて、天文学的な日長できまる。暖冬異変というものはあるが、長日異変などというものはない。春分、秋分の日には、地球上どこでも日長は十二時間である。しかし、暖かいか寒いかはその土地によって違い、しかも同じ土地でも年によって違う。

　温帯地方に棲むたいていの昆虫は、年によって異なる温度に惑わされぬよう、日長をたよりに一年の設計をたてている。モンシロチョウはまったくその逆をやっているようにみえる。おもしろいのは、そのどちらもうまくいっていることである。

幻想の標語

どの時代にも、人間の社会にはその時代の関心を反映して、いろいろな標語が掲げられる。たとえば、「自然と人間の共生」、「生態系の調和を乱すな」。「自然にやさしい」という表現もさまざまな商品に用いられていて、セールス・ポイントにさえなっているようだ。

これらのことばは、いずれももっともで、今、われわれの関心の的である環境問題の解決のためにぜひとも大切な心がまえを示しているようにみえる。

けれどこれらは、どうやら少々古くさい生態学にもとづいた幻想のように思えてくることもあるのだ。

それは、「利己的な遺伝子」という全く別の流行語と関係がある。これは一九九七年度の花博記念コスモス国際賞を受賞したイギリスの動物行動学者リチャード・ドーキンスが創《つく》りだしたキャッチ・フレーズで、自然界の生物たちは、すべて「利己的な遺伝子」の産物であり、われわれ人間もその例にもれないとする大胆な見方にもとづいている。

テレビなどでもおなじみのとおり、この地球上にはさまざまな種《しゅ》の生物がいて、それぞれに異なった、それぞれに巧みな生きかたをしている。これらさまざまな生きものたちは、それぞれがそれぞれの種を維持するために、一生懸命生きているのだと、かつては思われていた。そして、それらの生物たちは、生態系という一つのシステムの中にあって、そこには彼らが皆、ともに生きていけるような調和のしくみがあるのだと考えられてきた。

しかし、一九七六年に出版された『利己的な遺伝子』(邦訳は紀伊國屋書店刊)でドーキンスが展開した見方は、かつてのこの生物観を根本から覆《くつが》えしてしまった。つまり、生きて殖えていこうとしているのは、種でも個体でもなく、遺伝子なのだというのである。

遺伝子はそれぞれの個体に宿っている。それぞれの個体に宿る莫大《ばくだい》な数の遺伝子の集団は、自分たちが生き残っていけるように、見事なティームワークを組みながら、その個体をつくり、生かし、成長させていく。そしてその個体を「操って」子孫をつくらせる。こうして遺伝子は殖えていく。それぞれの個体はこのような遺伝子の「企《たくら》み」によって、一生懸命生き、自分自身の子孫をできるだけたくさん後代に残そうと努力する。

それぞれの種の一つ一つの個体がそうやって自分自身の子孫を殖やしていこうとするので、それは当然シェア争いになる。なぜならその種が生きていける条件をそなえた場所は限られているからである。

だとすると、自然はこのような果てしないシェア争いの場であって、けっして調和のとれた場所ではない。このシェア争いに勝った個体の子孫が殖えていき、その結果として種も存続し、進化もおこる。種の存続、種の維持は、かつて考えられていたように目標であったのではなく、個体同士の競争の「結果」にすぎないのである。

同じ種の中でこのような競争がおこっているばかりではない。異なる種、異なる動物と植物の間にも、このような競争がたえずおこっている。しかしそこには、強弱の問題や、競争のコストの問題があるから、一定のところで妥協点に達せざるを得ない。この妥協した状態をわれわれが外から見ると、それは一つの「調和」のようにみえる。

われわれはそれを、自然界の調和であり、生態系の調和であると思ってしまったのである。けれど実は、そこには予定された調和はなく、絶えざる競争があるにすぎない。

このような見方に立つと、「生態系の調和を乱すな」ということばの意味がわからなくなってくる。本来は存在しない「調和」を乱すも乱さないもないではないか。「共生」にしてもそうである。共生している二つの生物は、はじめから「お互い仲良く助け合いましょうね」といって「共生」しているわけではない。たとえばいつも共生の例にあげられる花と昆虫も、どうやら互いに相手を徹底的に利用して、それぞれ自分の子孫をできるだけたくさん残そうとしているだけらしい。

花はなんとかして昆虫に花粉を運ばせたい。蜜《みつ》はそのためのやむを得ないコストとして作っている。昆虫は蜜だけ手に入れればよい。花粉なんか運んでやる気はさらさらない。けれど、花のほうが無理やり花粉をくっつけてしまうので、やむなく運ぶことになっているだけだ。そうだとすると、「自然と人間の共生」とは何を意味するのか？

自然が果てしない競争と闘いの場であるなら、「自然にやさしく」というとき、いったいそのどれにやさしくしたらよいのだろう？　どれかにやさしくすれば、その相手には冷たくしていることになる。

このように考えてみると、ぼくが前から主張している「人里《ひとざと》」という概念が、なかなか重要な意味をもっていることがわかってきた。

人里とは、人間が住んでいるところと自然とが接している場所である。人間は生きて活動していくために家を建て、田畑を作る。そのためには自然を破壊せざるを得ない。

家は住んで快適であってほしい。田畑からはよけいな草や虫を追いだして、作物を作らねばならない。これは人間のロジック（論理）である。自然にやさしくなどしてはいられない。

けれど、その家や田畑のまわりには自然がある。そこでは自然は、自然のロジックに従って、互いに競争しあっている。競争に勝とうとして、人間の家や田畑へ入りこんでくる草木や虫もいるであろう。人間はそれらを、人間のロジックで追いだそうとする。しかし、自然はまた、自然のロジックで巻き返してくる。

このように、人間のロジックと自然のロジックがせめぎ合っている場を、ぼくは人里と呼ぶことにしている。こういう人里では、人間は自然のどれかにやさしくしているわけではないが、自然のロジックは自然のロジックのままにさせている。そこに調和はないのだが、人間はあえてそこに調和を作りだそうともせず、あえてかき乱そうともしていない。このような状態が自然と人間の共生なのかもしれないという気がしている。

ぼくが会長をしている日本ホタルの会は、「人里を創《つく》ろう」ということを訴えてきた。動物行動学ないし行動生態学の見方に立ってみると、これは意外と的はずれではなかったかもしれない。

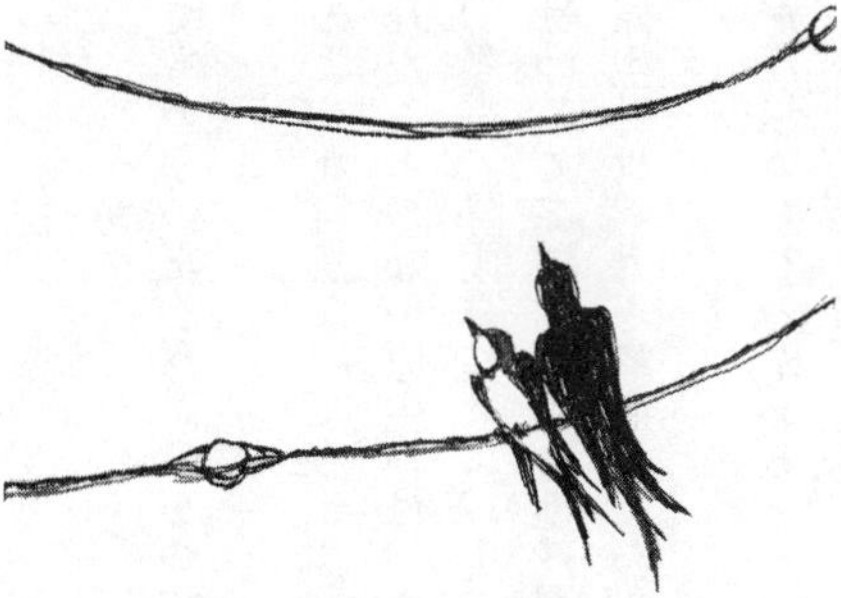

人里とエコトーン

今、人々は自然を求めている。自然志向とでもいうのだろうか。かつての「自然征服」の時代がうそのように思われる。

けれど、今人々の求めている自然とは、どのような自然なのだろう？

原生林？　太古のまま、人間の手にふれられたことのない原生林は、たしかにわれわれの畏敬《いけい》するところだ。北のタイガにせよ、熱帯の降雨林にせよ、そこには自然の神秘がある。原生林を守ろうという思いは、けっして二酸化炭素や地球温暖化の問題だけから生まれているわけではない。しかし原生林は、人々に心の安らぎを与えてくれる自然だろうか？

ぼくはボルネオの原生林の中を、ちょっとだけ歩いたことがある。

高さ六〇メートル、七〇メートルという木々がそびえ、仰ぎ見てもその梢《こずえ》は見えない。森はそのような木々の梢が交錯した樹冠に覆《おお》われているので、空は見えず、日もほとんどさしてこない。

そして、樹冠のはるか上から、何か大きな鳥の不気味な鳴き声が聞こえてくる。ときどきその鳥が飛びたって、森のどこかへ飛んでゆくらしく、大きな翼が風を切るシワシワシワという羽音が、まるで悪魔が飛びまわっているような印象を与える。

暗い林床には草も灌木《かんぼく》もほとんどなく、花も咲いていない。辛うじてそれとわかるトレック（人の歩いたあと）に下草があって、その葉の上にキラキラ光る甲虫がいたりするだけだ。

けれど下草の葉にはヒルが何万といて、ぼくらの匂《にお》いや体温を嗅《か》ぎつけ、葉の上に体を立てて振りながら、ぼくらにとりつこうとしている。とりつかれたら、知らぬまに血まみれになってしまう。

そんな森の中に、巨大なオランウータンがどっかりと坐っていた。小さな子どもを肩にのせて、トレックの上で動こうともしない。子連れのオランウータンは恐《こわ》い。行手を阻《はば》まれてぼくらは立ち往生した。

もう何年も前の、原生林でのこんな体験を、ぼくはいまだに忘れられずにいる。原生林は確かに畏敬すべき貴重なものであるが、けっして心安らぐ自然ではない。

どうやらぼくらが身近に求めている自然とは、明るく開けた感じのする雑木林のようなところであるような気がする。そこにはいろいろな花が咲き、その花から花へ小さな虫やチョウが飛びかい、小鳥のさえずりも聞こえてくる、そのような自然ではないだろうか？

そこでは人々は、何かほっとしたものを感じ、この自然の中に安らぎをおぼえる。そこには日ざしがあり、風のそよぎもあり、さまざまな草木が思い思いの姿で葉や枝を広げている。そして時にはヘビやトカゲもいるだろうが、恐ろしい猛獣は現われない。こんな自然を人々は求めているのではないだろうか？

こういう自然はほんとうの自然ではない、と生態学はいうだろう。そのとおり、これは人の手の入った二次林であり、二次植生なのだ。その近くには必ず人が住んでおり、人間が原野や原生林を切り開いて作った田や畑がある。それによって、暗い原生林は明るい雑木林になり、人を寄せつけなかった原野はただの草原になった。

人間のこのような活動は、原野や原生林の周辺に、いわゆる「エコトーン」を作りだした。エコトーンとは大雑把にいえば、植生の中における移行帯のことである。たとえば、深いうっそうとした暗い原生林の一部が、山火事で焼けてしまう。するとそこは樹木がなくなって、明るい開けた場所になる。すると、明るい場所を好むいろいろな草の種子がどこからともなく飛んできて、そこに芽を生やし、まもなく花を咲かせる。暗い林の下の土の中で、百年、二百年と眠っていた陽樹の種子が、日光にさらされることによって発芽し、若木が生えてくる。

そして、このような明るい場所の多様な草や木の葉を食べるさまざまな昆虫もやってきて、それぞれの好む植物にとりつく。もちろん、それらの昆虫を食べたり、それに寄生したりする肉食性昆虫や寄生性昆虫たちも集まってくる。

こうしてそこは、これまでの暗い原生林とはまったく異なる場所として、さまざまな生きものたちの生活する場となる。そしてそこから、もとのままの原生林との間には、深い暗い森から明るい多彩な場所へと移行するにつれて、それぞれの明るさを好む植物とそれに棲《す》みつく動物とが少しずつ変わっていくエコトーンが形成される。

エコトーンはさまざまな生きものたちの棲む豊かな場所である。そこは明るくて多様で、人々をほっとさせるものをもっている。大自然の持つ恐ろしさはずっと薄められ、人々はある安らぎさえおぼえるだろう。

人間がある場所に住みつき、そのまわりに田畑を切り開いていったとき、人間はある意味ではこの山火事と同じように、エコトーンを創《つく》りだしていったのである。

山火事と人間のやったことのちがいは、その論理のちがいにある。

原生林の中の山火事は自然現象であり、何かある目的のためになされたことではない。そして、それによって明るくなった場所にいろいろな生きものが棲みついていくのは、それぞれの生きものがそれぞれ自分の子孫を残そうとして互いに競争しながら懸命に生きていくという自然のロジックによるものであって、けっして何かを目指してのことではない。

人間は動物の一種であり、自分が生きて子孫を残していくことを目指して活動してきた。つまり、人間のやることには目標があり、その目標を立てかつ実現していくためのロジックがある。人間が田畑を切り開くのも、家や道路を作るのも、すべてこの人間のロジックによるものであった。

人間がこのロジックを押し進めて自然に干渉する手を休めていると、そこには自然のロジックが押し返してくる。さまざまな植物が生え、動物たちが棲みつく。こうして人間の住むところのまわりにエコトーンが生まれたのである。それがぼくのいう「人里」であるが、この「人里」がかなり深い意味をもっているらしいことに、ぼくは最近気がついた。

「戻ってきたよ　昆虫50種類」。一九九八年一月三十一日の朝日新聞（大阪版）に、大きくこんな記事が載っていた。

「干上がった休耕田に水を張ったら、トンボやゲンゴロウが姿を見せ、一年半後には五十種近くの水生昆虫が生息し始めた――」とこの記事は報じている。大阪府立大学昆虫学研究室の大学院生たちの研究の中間結果である。

トンボもゲンゴロウも、そしてその他さまざまな水生昆虫は、昔はちょっとした水辺にいけばたくさんいた。

それらの虫とぼくが知り合ったのは、今から五十年以上前の戦時中、東京・世田谷の成城学園中学に入ったときだった。幼稚園から小学校、中学、旧制女学校、そして旧制高校まであった成城学園には、広いキャンパスの一角にかなり大きな池があった。それほど深い池ではない。中央に「中の島」と呼ばれる小さな島のある開けた明るい池だった。

当時の旧制高校の象徴であった白線帽に黒いマントをまとった、成城学園らしからぬ風体の高校生が、カントやゲーテの本を手にしてこの池のほとりを散策しながら、一高や三高の気分にひたっていると、突然、池の片側の林から女学生たちがとびだしてきて、「何だお前ら、成城のくせにマントなんか着やがって！」と、その高校生を池の中にたたきこんだとか。

中学生のぼくは昼休みになると、背広型の制服姿で池のほとりにしゃがみ、水の中を眺めていた。いろいろな種類のゲンゴロウがいる。ガムシがいる。そして図鑑で見たタガメやタイコウチ、ミズカマキリ、フウセンムシ……。本でしか知らなかった水生昆虫たちが、思い思いに歩いたり、泳いだり、尻《しり》から水をジェット噴射してツイと進んだりしていた。

そのころぼくは、「生態系」などという言葉は知らなかった。戦後、生態系は流行語となり、ふたことと目には「生態系」だ。この朝日新聞の記事にも、「生態系の支え」実証、とある。

成城学園の池や大阪の水を張った休耕田は、たしかに生態系なのだろう。だからいろいろな虫が棲んでいるのである。

けれど、この「生態系」が一つの「系」、システムとして、一定の調和を保っていると考えたら、それは大いに問題である。そこにいるさまざまな虫たちは、互いに食いあい、襲いあいして、熾烈《しれつ》な闘争にそれこそ明け暮れている。それどころか、同じ種類の虫どうしも、食物や異性をめぐってはげしい競争をつづけており、自分の子孫を残せるのはその競争に勝ったものだけなのだ。

ちがう種《しゅ》の生物とのたえまない闘争、そして同じ種の仲間どうしとのたえまない競争。日夜それが繰り広げられているのが、「生態系」の実状なのである。その結果として生きついている状態が、われわれの幻想としての「調和」であり、それが自然の論理、自然のロジックなのである。

このようなことがわかってきてみると、生態系の調和を乱すなとか、自然にやさしく、自然と人間の共生とかいう、今日よく目にすることばが、何を意味しているのかわからなくなってくる。

自然にやさしく、というが、自然は闘争と競争の場である。そのどれかにやさしくすれば、それは当然その相手をいじめることになる。調和を乱すなといっても、そこにもともと調和はない。そして、こういう自然と共生するとしたら、われわれ人間はどうしたらよいのだろう？

人間は安全に快適に生きて、生産や文化や学問の場で何らかの生き甲斐《がい》を覚える活動をしていきたいと思っている。そのためにわれわれは、いろいろと努力し苦労している。それは人間の論理であり、人間のロジックである。

われわれはこの人間のロジックによって、自然と「闘い」、自然を「征服」してきた。同時にその周辺には、前に述べたような「エコトーン」も作りだしてきた。今やこのエコトーンの意味をよく考えてみるべき時期である。

エコトーンとは早く言えば「人里」である。そこでは人間のロジックと自然のロジックがせめぎあっている。たとえば人間は自分たちの食物を生産するために林を切り開いて田畑を作る。それは人間のロジックである。人間の田畑に自然が入りこんできては困る。しかしその田畑の周辺をどうするか？

多くの場合、そこはあまり手を加えず、自然のままに残しておいた。自然のままに、ということは、自然のロジックのなすがままにということだ。そこには生えるべき草が生え、棲むべき虫が棲みつく。そして互いに闘争や競争を展開しながら、子孫を残してゆく。あまり草が生えすぎたら、人間はそれを刈ればよい。けれど草は、自然のロジックに従ってまた生えてくるだろう。

人間の生活からもう少し離れたところでは、たとえば草刈りのような人間のロジックはあまり入りこんでこない。そこでは自然のロジックがもっと存分に展開する。しかしときどきは、人間が木を伐《き》りにくるかもしれない。だがそのあとはまた自然のロジックに従ったプロセスが進んでゆく。

人間はこのプロセスのどれかに加担したり、どれかを意図的に抑えたりすることはしない。その結果、人間の活動の場からの距離に従って、推移帯つまりエコトーンが形成され、その推移に応じた多様な生きものたちが思い思いに生きてゆくことになる。これがぼくのイメージする人里である。

このような「人里」こそ、自然と人間の共生といえるものではなかろうか？　ぼくが日本ホタルの会などで「人里を創ろう」と言っているのは、人里がこのような意味をもっていることに気づいたからである。

人里を創ろうというのは、いかにも人里らしい人里を作ろうということではない。人里らしい人里などというものは人里ではない。それは人間のロジックを押し通し、自然のロジックを押しつぶしたコンクリート張りの川と同じく、要するに人工物にすぎない。近ごろは親水公園づくりとか森づくりが流行している。ビオトープなるものを作ることもファッションになっている。しかしそれらはいずれも、よく管理された人工庭園であって、人々が求めている心の安らぎや喜びを与えてくれるものではない。きちんと管理された庭園や公園は、いかにそれが自然らしく見えようと、けっして現実の人里ではなく、従って自然と共生するものではないからである。

人間は今、自分たちの真の幸せのために何が本当に必要なのか、ちゃんと考えてみるべきではないだろうか?

暖冬と飛行機

この冬、京都は暖かかった。真冬だというのに昼の気温は毎日五度よりは十度に近く、夜でも氷点下には下がらなかった。何年か前に行った北極のスピッツベルゲン島で、真夏の七月二十日ごろの気温が、一日じゅう零度から二度、たまたまものすごい好天気のとき三度になったといって喜んでいたのを、つい思いだしてしまう暖かさだった。

滋賀県立大学のある彦根でも同じ暖かさであった。ほとんど洛北《らくほく》と変わりがないようであった。たまに琵琶湖を渡って吹いてくる西風の強い日だけ、肌寒さを感じた。

雪が降ったのも二、三回。それもすぐとけてしまった。わざわざ北海道で買ってきた、冬用の滑らない底の靴も、その威力を発揮する機会はなかった。冬になると雪に真っ白におおわれて、アルプス並みの勇姿になる伊吹山も、この冬は二、三回ほんのりと白くなっただけだ。

まぎれもない暖冬である。地球温暖化のあらわれであろうか？　そうかもしれない。

しかし、そうでもないかもしれない。

近畿の冬が暖かくて、例年の雪もほとんど降らず、新幹線が関ヶ原の降雪で徐行しておくれたりすることもなかった一月から二月に、東京ではかなりの雪が何回か降った。雪のない彦根から東京へいって、一週間前の雪がまだ残っているのに驚いたのも、記憶に新しい。

京都へきてから二十五年ほど、その間には寒い年も暖かい年もあった。洛北、二軒茶屋に住みついたその冬、毎日の寒さと、晴れた空でも朝からちらつく、かざはな（風花）と呼ばれてきた小雪、そして夜の間に二十センチ近く積もった雪にびっくりして、こんな雪国に住んでしまったことを悔んだりもした。

でも、それも四、五年の間。その後数年は、うそのように雪のない冬がつづいた。そしてそれから突然に、また雪の年がきた。

夏についても同じことだ。涼しくてクーラーも要らず、やっぱり洛北に住んでよかったと思っていたら、暑くて暑くて、窓をあけっぱなしにしても眠れない夏もあった。生きものたちは、長い長い間、このような変動にずっと耐えて生きぬいてきたのである。

よく知られているとおり、冬を越す昆虫たちの多くは、ただ冬の寒さに耐えてじっと眠っているのではない。彼らにとって冬の寒さは必要不可欠なものなのである。彼らは摂氏五度以下の低温に何十日かさらされていることによって、体内で何らかの変化が進行し、その結果、冬の休眠から醒《さ》めて春を迎えることができる。寒さを十分に過ごさなかったサナギは、卵もあまり産めない、ひ弱なチョウになってしまうらしい。冬の寒さにあわせたらかわいそうだというので、ずっと春と同じ二十五度の温度に保っておいた実験室のサナギは、春になっても親のチョウになれず、そのまま眠りつづけている。そして何年もサナギのままでいて、ついにやせ細って死んでしまう。ぼくはかつて、松本の片倉蚕業研究所で、昆虫の休眠の研究をしていた福田宗一先生に、ヤママユガの一種であるシンジュサン（神樹蚕）の二年サナギ、三年サナギというものを見せてもらい、ショックを受けたことがある。

だから暖冬は、人間にとってはありがたいかもしれないが、冬をすごす昆虫たちにとってはたいへん不幸なことなのである。暖冬が何年もつづくと、多くの虫たちは滅びてしまうかもしれない。ましてや地球が恒久的に温暖化したら、生物の多様性などは失われてしまうだろう。そして、冬を乗りきるために寒さによって眠りから醒める休眠というしくみを進化させることなく、ひたすら寒さにじっと耐えている虫たち、たとえばハエとかゴキブリとかいう虫たちばかりが生き残ることになろう。

ただしおもしろいことに、北極に近い極北の昆虫たちは、休眠というしくみをもっていないらしい。休眠はもともと、俗に三寒四温といって、冬の間も暖かい日のある不安定な環境で、まちがえて早く親になって飛びだしてしまったりしないためのものであった。徹底して寒い日が何か月もつづく極地では、そのような心配はいらなかったのである。

いずれにせよ、今、われわれの恐れていることの一つは、地球の温暖化である。そして、地球温暖化の元凶は二酸化炭素の増大であるとして、それを防ぐ対策に世界じゅうが頭を悩ましている。一九九七年の京都での会議もそのために開かれた。

京都会議の成果をどう評価するかはおくとしても、ことは一筋縄ではいかないようである。

たとえば、地球温暖化の最大の元凶は二酸化炭素であるとされている。けれど、同じくらい、あるいはもっと大きいかもしれない影響をもっているのは地球表面の水分である。

地球表面の水分は雲を作る。この雲は空をおおって、地面の熱が空へ逃げるのを遮《しゃ》断《だん》している。冬、晴れた夜は冷え込み、曇った日は寒さがゆるむ。けれど同時に、雲は日射をさえぎるから、曇天の日は地表が温まらず、気温もあがらない。

雲はこんな複雑なことをしながら、太古から地球上に存在しつづけてきた。その雲を作るのは空気中の水分である。人間が水資源の利用効率を高め、どんどん水を使うようになれば、空気中の水分も増えるだろう。そうすると雲も昔より増えることになる。そうなると、いったいどういうことがおこるのだろうか。この予測は計算がむずかしくて、おいそれとはできないらしい。

けれどこの間ぼくは、イギリスの学術雑誌「ネイチャー」で、こんな研究報告を目にした。それは飛行機雲が雲の発生を促している、というものであった。だれでも知っているとおり、高空を飛ぶ飛行機のうしろには、しばしば長い飛行機雲ができる。こんなものはかつては地球上に存在しなかった。その飛行機雲が雲の発生を促しているというのである。

もし雲が地球の温暖化に関わっているのなら、世界の空を飛びまわっている無数の飛行機は、二酸化炭素ばかりでなく、雲を作りだすことによっても、それに関わっていることになる。

わけのわからぬ昼の蛾たち

　毎年春になると、つい思い出して気になってしまうことがある。ヒゲナガガという小さな蛾《が》のことである。体が一センチ、翅《はね》を広げても二センチにならぬ、ごく小さなとるに足らない蛾なのだが、もう何年もこの蛾のことが気になってしかたがない。

　この蛾を初めて見たのはずいぶん昔のこと。中央線が新宿から西に向かって、高尾山へさしかかるあたりへよく昆虫採集にいっていたぼくは、その日も虫を探しながら、山すその田畑の間を歩きまわっていた。

　ちょうど四月の終わりごろ。このあたりではいわばチョウの端境《はざかい》期で、早春のチョウの季節は終わりかけており、初夏のチョウはまだ現れていない、といった時期であった。

　そんなわけで、とくにあてもなく畦道《あぜみち》を歩いていたぼくの目に、ふと奇妙なものが映った。少し先の草むらの上を、長い糸のようなものがふらふら躍っているではないか！

初めは糸くずが風に舞っているのかと思った。しかしその糸はまっすぐ立っている。しかも糸はもう一本あり、それが対になって、V字形を保ちながら、ひょいひょいと上下に動きつつ、ゆっくり移動していくのである。何だ、これは？

一、二歩近よって目をこらすと、糸の正体がわかった。それは小さな蛾の長い触角であった。体長一センチに満たない小さな蛾に、長さ三センチに近い長い触角が生えている。この触角は白っぽい色をしているので、それが春の緑の草の中で、きわだって目立って見えたのである。蛾は細い翅をふるわせながら、頼りなげに、しかし長い触角をしっかり上向きに立てたまま飛んでいる。そしてせわしなく上下運動を繰りかえしながら、少しずつ水平方向へ移動していく。

あたりをよく見ると、ほかにも何匹かの同じ蛾が、ひょこひょこと上下しながら、一生懸命に飛んでいた。

これが図鑑で見たヒゲナガガだと、ぼくは直感した。蛾のくせにこんな朝から、いったい何をしているのだろう？　何匹もいるのに、互いがぶつかったり、長い触角がからまったりすることもない。互いに無関心に、ひょこひょこ飛んでいるように思えた。

一生懸命飛んでいるからには、こいつらはきっとオスにちがいない。メスを探しているのだろうが、メスはどこにいるのだ？　こんな頼りない飛びかたで、しかもほとんど同じ場所を飛んでいるのでは、いつになったらメスがみつかるのだろう？　そしてこの長いヒゲ。これはいったい何のためだ？　きっと何かの役に立っているのだろうが、それにしても長すぎる！　こんな疑問が次々と湧《わ》いた。

その後も何度か、ぼくはヒゲナガガに出合ったが、疑問はまったく解けなかった。最近、小蛾類の研究者たちによる『小蛾類の生物学』(文教出版)という本が出た。ぼくはさっそくヒゲナガガのページを開いてみたが、わかったのは、要するにまだよくわかっていない、ということだった。

「夜の蝶《ちょう》」ということばがあるにもかかわらず、夜行性の蝶というものはいない。けれど、本来は夜の生きものである蛾の中には、昼間飛びまわって餌《えさ》を求めメスを探す、昼行性の蛾はたくさんいる。こういう「昼の蛾」たちの行動には、なぜか不可解なことが多いのである。ヒゲナガガもその一つだ。彼らはその長いヒゲを振りながら、どういうつもりで飛んでいるのか？

初夏になると、マイマイガという蛾がそこらじゅうを飛びまわる。そこらじゅうという意味は、この蛾が小さなモンシロチョウぐらいの大きさで、日中から夕方まで、林であろうと町なかであろうと、コンクリートの建物の入口であろうと、まったく所かまわず飛びまわるからである。

ただし、色は黒褐色で、美しいとか目立つとかいうには程遠いから、あまり気がつく人はいない。けれど季節になれば、まさにそこらじゅうをせわしなげに飛びまわっている蛾なのである。

飛びまわるのはオスであって、メスはオスより一まわり以上も大きく、色もまったくちがう灰白色。とても同じ種類の蛾とは思えない。それでロシア語ではマイマイガのことを「対にならない蛾」と呼んでいる。

オスがメスを探して飛びまわっていることはいうまでもないが、さてそこでぼくはわからなくなってしまうのである。

マイマイガは蛾である。蛾は本来は夜行性であるから、夜の暗闇《くらやみ》の中でオスとメスが確実に出合えるしくみを進化させた。それが有名な性フェロモンである。メスは腹の先から、それぞれの種類に特有な性フェロモンという匂《にお》いを放って、オスを誘引する。マイマイガのメスも、性フェロモンを放出してオスを誘う。世界的な森林害虫であるマイマイガの性フェロモンは、この害虫の防除策の基本として大々的に研究され、化学的にもよくわかっている。その物質はディスパーリュアと呼ばれ、人工的に合成もされ、アメリカの大森林に飛行機で撒布《さんぷ》されたりもしている。

けれど、夜でなく昼間活動するマイマイガが、なぜ性フェロモンを必要とするのだろう？　もともと昼行性である蝶たちは、そのような性フェロモンなどもっておらず、オスはもっぱら目でメスを探しだしている。そしてこのやりかたで、蝶たちはちゃんと繁殖している。

マイマイガが性フェロモンに頼るなら、オスはもっと効率よくメスを探しだすはずだ。ところがマイマイガのオスは、まさにそこらじゅうを飛びまわる。オスがメスの性フェロモンの匂いを求めてそこらじゅうを飛びまわるのは、夜の蛾でも同じことだし、今ではその理由もわかっているのだが、それにしてもマイマイガはひどすぎるように思える。木も生えていない、したがってメスが絶対にいるはずのない草地の上を、一時間以上もしつこく飛びまわっていたりする。こういうことは他の蛾ではあまり見たことがない。そして、性フェロモンを放出している立派なメスのすぐそばを、平気で飛び抜けていってしまう。いったい何をやっているのだ？

同じようなことは、実は他の昼行性の蛾でもみられる。昼行性のくせに夜行性用の性フェロモンを使ったりするからいけないのだろう。でもなぜそんなことを？

昼の蛾たちの、こういうわけのわからぬ行動にも、何かちゃんとしたわけがあるのだろうか？

緑なら自然か?

「自然ってどんな色?」と聞かれたら、何と答えるだろう? たいていの人は、緑色と答えるにちがいないし、実際みんなそう思っている。だから「水と緑の町づくり」などという標語がそこらじゅうに掲げられているのである。

目に入る「自然」が一望の砂である砂漠の国でも、水と緑はオアシスの象徴であり、人々はそこに安らぎを感じる。だから水と緑は、人間という動物にもともとしっかり結びついているものであるらしい。

たぶんそういう理由からだろう、かつてはずいぶんこっけいなこともおこなわれていた。道路を作るので、草木の緑におおわれた丘に切り通しを作る。新しい道の両側は、赤茶けた土そのままの崖《がけ》で、何ともうるおいがないし、荒れた感じがする。それにいつ土が崩れてくるかもわからないから、がっちりとコンクリートでおおってしまう。そうなると、ますます味気ない。そこで、とにかく緑にしようということで、コンクリートを緑色に塗ったのである。

確かに少し遠くからは緑にみえる。けれど、所詮《しょせん》はペンキで緑色に塗っただけである。人間の感覚はこんなことでは欺《だま》されないはずだ。

昔、モンシロチョウで実験してみたことがある。ケージ（網室）の地面にいろいろな色の大きな紙を敷き、チョウがどの色の紙の上をよく飛ぶかを調べたのだ。やはり緑色の紙の上を、もっとも好んで飛ぶようであった。なるほど、チョウは緑色であれば紙でもいいのだな、とぼくは思った。

けれどこれは、チョウにはたいへん失礼な思いちがいであった。ほんものの草を植えた植木鉢をたくさん並べたら、チョウは緑色の紙など見向きもせず、ほんものの草の上ばかりを飛んだのである。

コンクリートを緑色に塗るのはその後まもなくやめになった。やはりほんものの草でなければ、ということは誰にでもすぐわかったからだろう。

だが、それでどうなったか？　次の方法は、道路わきの斜面（法面《のりめん》）に、牧草のたねを播《ま》くことであった。こうして多くの高速道路の両側が、外国産の牧草でおおわれる始末となった。

それは見るからにモダンな、最新のハイウェイという印象を与えたことはたしかだったが、人工の産物であることも明らかであった。それはどことなくよそよそしい、疑似自然なのだ。

同じような疑似自然は、どこにでも見ることができる。

ほとんどすべての公園はそうである。公園を管理する自治体は、相当なお金と人手をかけて、「雑草」を刈り、手入れして、「美しい」自然を維持しようとする。うっかりこれを怠ると、さっそく「住民」や「市民」から、行政は何をしているのだというお叱《しか》りがくる。

これはもちろん日本に限ったことではない。世界じゅうの多くの公園が、同じように整然と管理された緑地になっている。いわゆる西洋庭園のパターンである。

では日本庭園はどうか？　基本的には同じことだ。一見すると、西洋庭園よりずっと自然のようにみえるけれど、疑似自然であることに変わりはない。疑似の程度が高いだけだ。木々の枝や草やコケの生えかたは、細心の注意を払って管理されており、自然のままに、つまり「自然の論理」にしたがって生えてくる草や木の芽は、きびしく摘みとられてしまう。

先日、連休を利用して、インドネシアのバリ島へ家族で久しぶりの旅行をした。さすが赤道を越えた南の島だけあって、青空に高くそびえるヤシの木をはじめ、熱帯の植物の姿は美しかった。

とくにあちこちのリゾート・ホテルの周辺は、熱帯らしい雰囲気の植物がいっぱいだった。日本では室内の観葉植物となっている大小の木が生えている。空からは鳥の声もときどき聞こえてくる。

けれどまもなくわかるのは、それらの植物が、じつは生えているのではなく、植えられたものだということである。もちろん最近に植えられたものではない。何年も前からそこに植えられ、大きく育ったものだ。しかし、とにかく植えられたものであることはたしかである。

そしてホテルの人たちが、こういう木々にせっせと水を撒《ま》いている。本来なら五月のバリは乾期だから、植物はもっとがさがさした感じのはずなのだが、毎日、朝夕に与えられる水のおかげか、どの木の葉もつやつやと美しい。そしてほとんど虫がいない。蚊もいない。

たしかに蚊がいないのはありがたかった。デング熱やマラリアの心配もない。少し暑いのをがまんしさえすれば、ベランダの椅子《いす》にすわって、好きな酒のグラスを手にしながら、ヤシの葉かげの月をたのしむこともできる。でもなぜこんなに虫がいないのだろう？

かつてアフリカのモンバサに行ったときもそうだった。いかにもモンバサらしい熱帯の風景の中で、ぼくはついに虫を一匹も見ることはできなかった。ホテルの人にたずねたら、たえず殺虫剤を撒いて、蚊を退治していますから、ということだった。

これも作られた疑似自然である。昼になれば時折どこからかチョウチョが飛んでくるけれども、それも偶然のことにすぎない。南の色濃い植物たちがぼくらを包んでいるけれども、それはあたかも観葉植物園の中にいるのとほとんど同じことだ。観光客たちはこういう場所にきて、熱帯の気分を満喫して帰る。もちろんそれはけっこうなことだけれど、なんだか変である。

水と緑のあるゆとりの町づくり、自然とのふれあい、自然との共生……ことばはさまざまにあるが、意味しているところは同じである。美しく管理され、不愉快な「雑草」もなく、いやな虫もいない、疑似自然。それをところどころにとり込んだ町。つまりそういう町を作ろうということである。

そこにあるのは「美しい自然」「調和のある、やさしくてゆとりのある平和な緑」という幻想だけだ。日本人は昔から自然を愛した、などという誤った思い込みに陥らぬよう、もう少し醒めた認識が必要なのではないか。

チョウたちの夏

春のチョウはうれしい。けれど夏になると、チョウは当り前のものになってしまう。暑い夏だから、チョウの天国。たいていの人はそんな気になっている。けれど少なくとも日本の大部分の土地では、必ずしもそうではない。太陽が照りつける夏の日中は、多くのチョウにとっては天国どころではない。暑すぎるのだ。

チョウはいわゆる変温動物である。体の温度は気温と同じである。気温が二十度だったら、チョウの体温も二十度のはずだ。

ただしこれは、チョウがじっと動かずにいるとしたらの話である。じっさいのチョウの体温は、気温よりもずっと高い。

まず、チョウは日向《ひなた》ぼっこ、つまり日光浴をして体を暖める。太陽の光を直角に受けるようにして、翅《はね》を開き、存分に日光を浴びる。かつてぼくは、こうやって翅に太陽光を受け、その熱を体に伝えて暖まるのだと思っていた。けれど京都大学の大崎直太氏が調べてみたところ、肝腎《かんじん》なのは胴体であって、翅はほとんど関係がないという。翅を大きく開くのは、胴体に日光が当たるようにするためで、翅に日光を当てるためではないのである。

こうして日光浴することによって、チョウの体温は気温より五度ぐらい高くなる。気温二十度という少々ひんやりしたときでも、チョウの体温は二十五度ぐらいにはなっているわけだ。

けれど、これではチョウが飛びたつにはまだ体温が低すぎる。昆虫の筋肉は三十度から三十五度あたりでもっともよく動くからである。

チョウは、筋肉を小刻みに震わせはじめる。すると筋肉の震えによって熱が発生し、体温があがって三十度をこえる。そこでチョウは思いきって飛びたつ。はじめは少し心もとない飛びかただが、ぼくらが体を動かすと体が熱くなってくるのと同様に、チョウの体温は急速に高まって、スムースに飛べるようになる。

気温が二十度あたりの春ならば、これで万事がうまくいく。けれど夏になると、事情はまったくちがってくる。

暑い日中だと、気温は三十度に近い。チョウはウォーミング・アップの必要もなしに飛びたてる。問題はその後だ。飛んでいるときの筋肉の動きによって次々と熱が発生し、体温はどんどん上昇して三十五度に達するであろう。おまけに日はかんかん照りつける。飛行中の翅の開閉によって、体は強い日光で暖められ、過熱してくる。

熱を発生するのは、胸にある飛翔筋《ひしょうきん》である。腹部にはそんなに大きな筋肉はないから熱の発生もない。そこで多くのチョウやガでは、腹部がラジエーターの役をして、胸部から流れてくる熱い血液の熱を体外に放散し、過熱に陥りがちな体の温度調節をする。つまりチョウは体温が気温のままに変動する「変温動物」ではなくて、自分の体内で熱を発生し、余分の熱を捨てて体温調節のできる、かなり「恒温」動物なのである。

完全に恒温動物であるわれわれ人間でも、かんかん照りの暑い日には、直射日光を避けて日かげに入る。チョウだって同じことをする。真夏の日中には、チョウたちは炎天下を飛びまわったりせず、木かげに入って休んでいる。そして少し日射《ひざ》しも弱まってきた夕方ごろ、どこからともなく飛びだしてくる。

チョウばかりではない。たいていの昆虫がこのようにして暑さを避けている。夜に活動するガたちでさえ、日が落ちてすぐには飛びたたない。昔、研究していたハスモンヨトウというガでは、夏は夜の十時ごろにならないとオスはメス探しに飛びたたないのに、夕方から涼しくなる秋には日暮れ早々からオスたちが飛びまわっていた。

熱帯には美しいチョウがたくさんいる。彼らは暑さなどにめげることもなく、青い空と熱帯の強い日射しの中を乱舞している。それは確かにそのとおりだ。彼らはそのようにできているのである。

けれど彼らはほんの少し気温が下がると、すぐに姿を消してしまう。この場合、気温が下がるというのは、二十六度か二十七度のことである。われわれにとっては汗ばむほどの暖かさ、いや暑さである。それでも彼らは活動をやめて休んでしまうのだ。彼らはそのようにできている。一年じゅう暑い常夏《とこなつ》の地でも、チョウは一年じゅう、飛びまわっているわけではないのだ。

日本は地理的にいえば、熱帯ではなく、温帯に属している。温帯といっても夏は暑く、場合によっては熱帯より気温が高くなる。しかし冬には雪が降る。虫たちにすればたいへんなことだ。それへの対処の一つだろう、温帯の多くのチョウには季節型というものがある。冬を越してきたサナギからでる春型と、春型から生まれる夏型と、一つの種に二つの型がある。

春型と夏型は、同じチョウとは思えぬほど色や模様がちがうこともあるが、ちょっと見ただけではわからないものもある。けれどはっきり異なるのは、温度に対する対応のしかたである。

春型のチョウは、太陽光の熱をできるだけ吸収して体温を上げ、気温が少々低くても飛びまわれるようにできている。夏型のチョウは反対だ。太陽熱をできるだけ吸収しないようにできていて、体の過熱を防ぐようにできている。光や温度を調節して幼虫を育てると、一年じゅうどんな時期にも春型や夏型のチョウを得ることができる。そうやってつくった春型と夏型のチョウを一緒にして、ケージの中で飛ばしてみたことがある。結果は驚くべきものであった。

春にこの実験をやってみたら、春型のチョウはケージの中をひらひら飛びまわって、鉢植の花の蜜《みつ》を吸い、オスはメスを追いかけていた。夏型のチョウたちはじっとケージの網にとまったままだった。

次に暑い真夏に同じことをやってみた。夏型のチョウは、元気よく飛んで花にきたり、メスにいちゃついたりしていたのに、春型のチョウは暑さに耐えられず、地面に落ちてもだえていた。もう過熱死寸前であった。

ぼくらはあわてて春型を拾い集め、冷蔵庫に入れてやった。

セミは誰がつくったか

夏はセミの季節である。今年の夏は暑いの寒いのといっているうちに、セミはちゃんとでてきて、それぞれの声で鳴き始める。

じつは春にも鳴くセミがいるのだが、ハルゼミと呼ばれるこの仲間のセミには、たいていの人が気がつかない。「しづかさや岩にしみいるせみの声」と松尾芭蕉《ばしょう》がうたったのは、夏のセミであった。

しかしよく考えてみると、セミもまたふしぎな存在である。あんな小さな体なのに、あんなに大きな声で鳴く。あのすさまじい音は、いったいどうやって出るのだろう？

夏になると大学はオープン・キャンパスの季節である。それぞれの大学がキャンパスを開放し、工夫をこらして大学の内容や雰囲気を広く受験生に紹介するのだ。

われわれの大学（滋賀県立大学）も毎年七月末にオープン・キャンパスをやるのだが、どういういきさつからか、そこでは学長講義というものが恒例になっている。環境科学、工学、人間文化学という三つの学部に関わるような話をせねばならない。さて、何を話そうか？　それを考えるのは、大変だけれど楽しいことでもある。結局のところ、今年はやはりセミの話をすることにした。

セミのあの声を出すのは、一口でいえばセミの発音器である。

セミ以外にも発音器をもっている虫がいる。秋の「鳴く虫」たちがそうである。この虫たちはセミとはまったくちがうキリギリスやコオロギの仲間で、その発音器は「摩擦器」と呼ばれるタイプである。つまり、翅《はね》と翅を擦りあわせて出る音を、翅全体に共鳴させて大きな音にするもので、人間の楽器でいえば、バイオリンのような弦楽器にあたる。人間が弦楽器を発明するはるか以前から、虫たちはすばらしい弦楽器をもっていたのである。

けれど、セミの発音器はまったくちがう。セミの発音器は、いうなればドラムのような打楽器なのである。

打楽器なのになぜあんな連続音が出るのか？　それはセミの発音器がじつに精巧にできた打楽器だからである。

セミの発音器は発音板と発音筋から成っている。発音板はセミの腹のつけ根の背中側に左右一枚ずつあり、外から見ると大きなウロコのようなものが下に隠れている。発音板には発音筋の先端がくっついていて、発音筋が伸縮すると、発音板が振動する。

人間の打楽器の典型は太鼓だろうが、太鼓の発音板はその皮で、それをバチで叩《たた》いて振動させると音がでる。しかしセミの太鼓はそんな乱暴なことはしない。太鼓の中に発音筋があって、その下端は太鼓の底、つまりセミの腹側にしっかり固定されており、上の端が細くとがったようになって発音板にくっついている。発音筋が収縮すると、発音板は下にひっぱられ、収縮が止《や》むと元に戻る。こうして発音筋の伸縮によって、発音板が振動する。その結果、太鼓のときと同じように音が出るのである。

人間がバチで太鼓の皮を叩くのとちがって、セミの発音筋はものすごい頻度《ひんど》で伸縮する。それに伴なって、発音板もぶーんと連続的に振動する。だから、原則からいえば打楽器なのに、セミの声は連続音になるのだ。

発音筋の収縮は、もちろん神経の指令によっておこる。けれど一回の指令で一回の収縮がおこるのではなく、一度指令があると、あとはいわゆる自励振動のように、ほとんど自動的に筋肉の収縮が始まってしまうらしいのだ。だから、セミの発音器は筋肉の力によるとはいいながら、むしろ電気的な振動に近い形でぶーんと音を出すのである。

この音自体はそれほど大きなものではない。しかしセミは、それを腹全体に共鳴させる。ヒグラシのオスのほとんど透明にみえる腹部から想像できるとおり、セミの腹はすばらしい共鳴・拡声装置なのだ。

この精巧にできた発音器は、進化がつくったものである。セミと同じ原理で音を出しながら、セミほど大きな声では鳴かない虫もいる。進化は一気にセミをつくったのではないらしい。

ところでアメリカには有名な十七年ゼミというのがいる。十七年に一回しか親のセミが現われないという変わったセミである。しかし、十七年目ごとに、ものすごい数の親ゼミが一挙に現われるので、その鳴き声はすさまじく、鳥たちもセミのいる木を避けるという。

アメリカにはもう一つ、十三年ゼミというのもいる。これはその名のとおり、十三年目ごとに現われる。けれど、十二年ゼミとか十六年ゼミとかいうのはいない。なぜか？

生態学者はいろいろな説を出した。いちばんおもしろいのは素数説である。

十三とか十七というのはいわゆる素数で、一とその数以外では割りきれない。セミの親にもいろいろな病原体や寄生虫がつく。そういう寄生虫は、親ゼミにとりつくのに、十三年とか十七年待たねばならない。寄生虫にしてみたらそれは大変なことである。しかし、かりに十二年ゼミだったら、二年目、三年目、四年目、六年目ごとに出る寄生虫も、どこかで親ゼミにとりつける。だからセミにしてみれば、どうせ幼虫の発育に長くかかるのなら（日本のセミでも数年かかるといわれている）、いっそ十三年とか十七年にしたほうが得になるのだ、というのである。こういう意味でも、セミをつくりだしたのは環境であるといえそうだ。

アメリカには他にもいろいろなセミがいる。ヨーロッパにも、アフリカにも、セミは世界じゅうにたくさんの種類がいる。けれど外国の映画やテレビのシーンにセミの声が聞こえることもないようだし、セミをうたった詩人もほとんどいない。

日本ではまるでその反対である。人々の思いを誘う場面のヒグラシの声。けだるい夏の農村の気分をかきたてるアブラゼミの合唱。終わりに近づいた夏の淋《さび》しさの中で愛も終わる二人を象徴するように鳴くツクツクボウシ。日本にはセミがいる！　俳句にはほとんどなじみのないぼくでも、「岩にしみいるせみの声」という句は、幼いころから心に沁《し》みこんでいるらしい。

セミは自然がつくったものである。あのすばらしいセミの声も、自然の工学の産物である。けれど日本人の心の中にあるセミは、どう考えてみても、人間がつくったものである。セミは自然のものだけれど、人間の文化でもあるのだ。

おいわあねっか屋久島

七月中旬、屋久島を訪れる機会に恵まれた。

京都大学生態学研究センターが事務局をしているDIWPA（ディウパ）というプロジェクトがあり、これの一環としての国際野外生物学コースが今年は世界自然遺産の指定を受けている屋久島で、上屋久町《かみやくちょう》との共催で開かれ、ぼくがそこで基調講演をすることになったからである。

DIWPAとは西太平洋アジア生物多様性国際ネットワークの略。広くアジア各地から生物多様性とその保持に関心をもつ若い人々を募り、徹底した生態学の講義と実習を二週間にわたって実施して、しっかり勉強してもらおうというものである。もちろん日本からの参加者もあり、また今回はJICA（国際協力事業団＝現・国際協力機構）のプロジェクト・メンバーとして来日中のアフリカ・ザンビアの人々もいた。前回の研修会がやはり世界自然遺産のバイカル湖でおこなわれたためか、ロシアからもイリーナ・サゾーノヴァという実にキュートな女子学生も参加していた。

ぼくの基調講演は屋久島島民への公開講演でもあった。一九九三年の世界自然遺産指定を記念して鹿児島県が上屋久町宮之浦に二年前に建てた、近代的な屋久島環境文化村センターの大ホールで、ぼくは自然の生物多様性とは調和の上に成り立っているのではなく、生きものたちの果てしない競争とせめぎあいの結果としてできあがったものであることを話した。外国からの研修生たちには、京大動物学教室出身で今は農水省農業環境研究所にいるデイヴィッド・スプレイグが、巧みに英語にして伝えてくれた。

この話の中で、もちろんぼくは、屋久島の生物多様性保持についてのぼくの不安と心配についても触れた。それはこの講義に先立ったたった二日ばかりの屋久島滞在で感じたことにすぎなかったが、島の人々は大きくうなずきながら聞いてくれたように思う。

じつはぼくにとって屋久島は、これが初めてではないのである。もう十二年も前、やはりたったの二日間ながら、ぼくは屋久島を訪れている。トヨタ財団の「市民研究コンクール・身近な環境をみつめよう」という市民研究助成の対象の一つに選ばれていた「おいわあねっか屋久島」という研究ティームの活動を、現地で見ていろいろ教えてもらいながら選考委員としてのアドヴァイスをするためであった。

「おいわあねっか屋久島」の「おい」は屋久島のことばで「私」、「わあ」は「君」、「ねっか」は「みんな」という意味である。中心的メンバーの長井三郎さんたちが考えたのは、屋久島の人々はこの島の多様な植物たちと昔から深くつきあってきたにちがいない、それをお年寄りの方々から聞き出して、自分たちの生き方も学んでいこう、ということであった。

実際に自分の目で見てみると、屋久島はほんとうにおもしろい島であった。すぐ目の前の種子島《たねがしま》が細長くてほとんど平たい島であるのに対し、丸い屋久島の中央部には、高さ一八〇〇メートルを越す山が十以上もある。山々にはたえず霧が巻き、大量の雨が降る。年間降雨量は何と一万ミリ。それが有名な屋久杉の巨木をはじめとするあまたの木々を育ててきた。そして冬には山々は高山のように雪に覆《おお》われる。もっとも、島自体は亜熱帯に近いから、雪は数日ならずして消えてしまうのだが。

島の周辺部はまさに亜熱帯である。ハイビスカスの花が咲き、大きな黒いアゲハチョウが舞っている。けれど中心部の「高山」をとりまく高さ八〇〇、九〇〇メートル台の前山(これだって京都の比叡山《ひえいざん》クラスだ)を二〇〇メートルも登れば、まるで北海道のようにナナカマドの木が生えている。

植物のこの垂直分布の豊かさと、その多様性には驚くほかはない。その中から屋久島独特のヤクシカやヤクザルが姿を見せる。もちろん、植物の種類が豊富だから、昆虫だって多様である。

こういう生物多様性の中で、島の人々は山のさまざまな植物とつきあい、それらを巧みに利用し、その恵みを受けながら生きてきたにちがいない、三郎さんたちはこう考えたのだ。

「おいわあねっか屋久島」にはたくさんの、多様な人々が集まった。みんな元気に、熱っぽく、このティームの研究プロジェクトの進め方について語っていた。三郎さんの奥さんの愛子さんと、当時バスガイドをしていた中島セツ子さんの姿がとくに印象的だった。お年寄りの方々からどんなすばらしい話が聞けるのか、ぼくもすごく楽しみだった。

ところがそれから約二年、研究期間が終わったとき、様子はそれこそ一変していた。つまり、最終報告会で、このティームからは期待していたようなおもしろい話はなかったのである。

三郎さんたちの思いとは裏腹に、お年寄りたちは島の山の植物のことをほとんど知らなかった。彼らは山の植物とは、まったくといっていいほどつきあっていなかったのだ。

そこには複雑な事情があるらしかった。けれど三郎さんはそれにはほとんど触れようとしなかった。

今度の屋久島行きで、ぼくは久しぶりに三郎さん夫妻と会い、話を聞いた。中島セツ子さんも話に加わった。ぼくは他のいろいろな人々にも会い、断片的ながらいろいろな話を聞いた。

それらの話をぼくなりにつなぎあわせてみると、この美しい島の苦しみや悩みが、少しはわかってきたように思えた。

悩みのもとは、屋久島のすばらしい杉にあったようだ。樹齢七〇〇〇年ともいわれる縄文杉。同じく三〇〇〇年の紀元杉など、驚くべき長命の巨木はもとより、屋久島は杉の宝庫である。暖かい気候と大量の雨、そして台風や豪雨による山崩れを防ぐ多種多様な植物のからみあい、せめぎあいが、杉の巨木を育てた。

この杉の富を確保すべく、かつては藩主、明治以降は国の権力が、島の住人が山へ立入るのを禁止した。島の人々は山へ入れず、周辺の土地と海での漁で生きてこざるを得なかった。だから山の自然が生き残り世界自然遺産に指定されたのだ、という言いかたもあろう。けれどこれはいかにも権力者的な匂《にお》いがする。

いずれにせよ、世界自然遺産指定以来、観光客はぐっと増えた。しかしそれに伴なって自然は荒れる。世界遺産に指定された世界の各所でおこっていることである。おまけに観光客は鹿児島資本のバスとフェリーでやってきて、しばしば日帰りしてしまう。島としてはほとんど儲《もう》からない。どうしたらよいか。島の人々の悩みはつきないようにみえる。

ヴァヌアツでの数日

八月のはじめ、ほんの五日ばかりだが、ヴァヌアツへいってきた。日ごろ忙しさでほうりだしている家族へのせめてもの償いが、主な目的であった。

ヴァヌアツといっても知っている人はごく少ないが、それは、天国にいちばん近い島ニューカレドニアの北東、ソロモン諸島との間にある、数十の小さな島から成る共和国である。

はじめはニューカレドニアにしようかと思った。ぼくは南太平洋というものをまったく知らないので、一度、ちょっとでもいいから、ポリネシアとかメラネシアとかいうところを見てみたかったのだ。

けれど、どうせそこまでいくのなら、隣りのヴァヌアツにしよう。ヴァヌアツにはかつてアフリカ・ケニアのICIPEつまり国際昆虫生理生態学センターで知りあった一盛《いちもり》和世さんがいる。彼女はその後タンザニアでマラリア蚊対策の仕事をし、それから世界保健機関（WHO）の一員として西サモアで五年ほど、そして今はヴァヌアッでマラリア問題と取組んでいるのだ。久しぶりに彼女にあって、その仕事の一端を知ることもできる。

成田からエール・フランスの直行便で八時間ほど。ニューカレドニアのヌーメアにつく。ここは独立国でも植民地でもなく、フランスの海外県である。だからことばはフランス語。すべてがフランス風で、ぼくは気が楽だった。

ヌーメアで乗りかえて一時間。ヴァヌアツ共和国の首都ポートヴィラにつく。この国は英語だ。迎えにきてくれた一盛さんと久々の再会をして、ヴァヌアツの数日が始まった。そこにもここにもココヤシの木。さすが南太平洋の島だ。

この国は英語だといったけれど、じつはそれほど単純ではない。この島々はイギリスとフランスが競っていたところである。それぞれが支配のための組織をつくっていた。学校、教会、警察など、すべてにイギリス系とフランス系があった。刑務所まで二つあった。たまたまイギリス系の警官につかまった人はイギリス系の刑務所に入れられ、イギリスの法律で裁かれた。たまたまフランス系の警官につかまればフランス系の刑務所に入れられる。フランス系の刑務所は規則はきびしいが食事はおいしいという笑い話もあったとか。

住民のことばは、くずれた英語、いわゆるピジン・イングリッシュのビスラマ語である。そしてイギリス系の小学校にいった人は、英語もしゃべる。しかし、フランス系の小学校へいった人は、英語はできず、もっぱらフランス語である。ツアーのガイドにも英語の人とフランス語の人がいた。今は英語が優勢となっているので、フランス語の人は不利にみえた。

けれど国語はビスラマ語なので、住民同士の間ではとくに不便はない。Plis つまり Please、Toilet pepa (pepa は paper) といった、まさにピジンの英語が、そこらじゅうにあった。

ヴァヌアツは一つの共和国であるが、一盛さんの話から想像すると、数十ある島の人々はそれぞれの島のことしか意識しておらず、一つの国という感覚はあまりないらしい。だからその感覚を盛りあげるために、独立のとき、ヴァヌアツ (Vanuatu) つまり「われらの国」という名前を作ったらしい。お金の単位もこれからとって、ヴァトゥー (Vatu) とした。きわめて人工的なことである。因《ちな》みに一ヴァトゥーはずっと約一円だったのが、円の急落で一・三円ぐらいになっていた。

電気のコンセントの形にも驚いた。旅行案内によると、オセアニアはO型かC型と記されている。O型は日本のに似て丸い二つの差し込み口、C型は差し込み口がハの字型になっている。首都ポートヴィラのあるエファテ島ではO型であった。ところがそれから小型機で三十分ほど飛んだ、二つ南の島であるタンナ島ではC型であった。さらに驚いたことに、同じポートヴィラでも、ホテルによってコンセントの型がちがっていた。

タンナ島のツアーでは、火山にびっくりした。さして高い山ではないが、完全な活火山で、噴火が続いている。その噴火口のへりまでいってのぞきこむのである。へりには何の柵《さく》もなく、うっかりしたらもろに噴火口の中へ落ちてしまう。「世界でいちばん噴火口に近い」のが自慢だといわれたが、これはさすがに怖かった。そしてときどき、ドーンという音とともに、褐色の噴煙がもくもくと立ち昇ってくる。かつて、といっても数年前、火山活動がとくに活発だったとき、日本人を含む何人かが火口近くで死んだという。噴火とともに飛んできた灼熱《しゃくねつ》した石に当たったのである。日本だったら、当然、登山禁止になっている状況だった。

カルチャー・ヴィレッジ（伝統文化村）も驚きであった。山の中の少し開けた広場につくと、ほとんど全裸の男女子どもがたむろしている。男は干した草で作った縄のようなものを腰に巻いているだけ。その草の一部が辛うじて前を覆《おお》っている。女も同じく上半身は裸。腰から下も長い干草をまとっただけ。写真やビデオを撮ってもよいのだろうかと思ってしまった。

広場のまん中には筵《むしろ》のようなものがいくつも広げられていて、その上に彼らの作った木彫りや貝やブタの牙《きば》の首飾りなどが並べてある。これの売り上げが彼らの唯一《ゆいいつ》の現金収入だそうだ。

そのうちに踊りが始まった。裸の男たちと子どもたちが、地べたを強く踏みならしながら、はげしくしかし単調な動きをする。やがてそのまわりを、裸の女たちが手で乳房の揺れをおさえながら、ぐるぐると踊ってまわる。終わると全員がわれわれのところへやってきて、一人一人握手をする。観光客の白人の女の中には、握手を拒んだ人もいた。「汚らわしい原住民」とでも思ったのだろうか。

あとで聞くと、これはけっして「観光用」のものではなく、ヴァヌアツの島々の昔ながらの文化なのだそうである。国はこのような文化を残すべく援助している。ぼくらがある地域の山に入るとき、かなり多額の入山料をとられたのもそのためであった。一盛さんの体験では、こういう人々は、何かの集まりでも裸でくる。だから服を着た人と全裸の人が一緒に並んで坐り、どちらもまったく気にしていないのだそうだ。おもしろいことだと思いました、と彼女は語ってくれた。

昔の世界地図を見ると、今のヴァヌアツは、ニュー・ヘブリデスと記されている。

これといった資源もない群島である。その中のエファテとタンナという二つの島をかいま見ただけだから、ヴァヌアツについて語ることなどは当然できない。でも印象は強烈だった。

タンナ島の空港から、だいぶ離れたホワイトグラス・バンガローへは、開けた山道であった。右を見ても左を見ても、一段と高いココヤシの木が目に入る。空に向かってすっと伸びた幹の先端にあの典型的な葉が広がり、大きな実がついている。空は青く、美しい。

ところがしばらく行くと、そのヤシの木の先がなくなって、単なる高い棒杭《ぼうくい》のようなものになってしまっていた。「あれは？」とたずねると運転手は「サイクロンだ」と答えた。

何年か前、ものすごいサイクロンがこの島を襲った。風は島の東側から西へ吹きぬけた。何千人かの人が死んだという。

サイクロンの跡はあちこちに残っていた。風の通り道になったところがとくにひどい。前に書いた火山の近くでは、何もない平たい土地が広がり、ただの竿《さお》のようになったヤシの木が斜めになったり倒れたりしていた。「火山の噴火でやられたのですね？」というぼくのことばを、運転手は一言のもとに否定した。「ちがう。サイクロンだ」。

バンガローに着いて一休みし、昼から島のツアーにでかける。あちこちを回って火山に登り、山の中を抜けて夕暮れにバンガロー近くの集落へ戻ってきたとき、運転手がいった。「道の左側のあの小さな小屋がカバ・バーだ。カバには興味があるか？」。タンナではカバが飲めるかもしれない、と一盛さんからも聞いていた。ポートヴィラのホテルでも頼めば飲ませてくれるということだったが、ぼくはぜひ現地で味わってみたいと思っていた。そこへ運転手のこのことばだ。ぼくは一も二もなくイエスといった。「じゃあ、行ってみよう。俺も飲みたい」。

小屋に入ると中は暗かった。広さは細長い四畳半ぐらいだろうか。奥のほうにカウンターのようなものがあり、手前は机もいすもなく、地べたに砂が敷いてある。運転手は声を抑えて、「これがカバ・バーだ」とぼくの耳もとでささやく。

カウンターの男に何かいうと、ココヤシの実の底で作ったらしい直径十センチぐらいの容器にカバを注いでくれた。それを運転手が受けとって、「これだ。全部飲むんだ」と渡してくれる。一口、二口飲んでみたが、これという味もしない。少くとも旨《うま》いものではない。だが話に聞いたとおり、すぐ口の中がしびれてきた。

口がしびれたらすぐつばを吐け、と聞いていたが、その通り、他にいた二、三人の男も床にペッ、ペッ、とつばを吐いている。だから下に砂が敷いてあるんだ、と思いながら、ぼくもペッ、ペッとやった。

とにかくみんな口をきかない。暗い灯りの下でじーっと立って、ときどきペッとやる。バーとはいうが、およそバーの雰囲気ではない。ワイフと娘は一口飲んでやめてしまったらしい。何かしゃべるのもはばかられるので、黙っている。ぼくも器の半分ぐらい飲んだところで、カウンターに戻した。運転手はそれをとって飲み干してしまった。「じゃあ、行こうか?」。ぼくは黙ってうなずいた。

小屋の外に出てみると、暗さに慣れた目に前の空地が見えた。空地のへりに大きな丸太が何本か置いてあり、そこにも人が坐《すわ》ってカバを飲んでいた。だれもひと言もいわない。タバコの火が思いついたように赤く光るだけだ。

カバとはほんとはカヴァのこと。ヤンゴナというコショウ科の木の根を砕き、水を注いだものだ。アルコール分はまったくない。南太平洋の島々では広く知られた飲料で、男が女にプロポーズしたとき、女が自分の口で砕いてつくったカバを出してくれたらOKのサインだとも聞いた。

ふしぎな鎮静化作用と過敏化作用があって、光や音にものすごく敏感になるそうだ。その状態でじっと物思いにふけるのがたまらなくいい気分なのだという。ただし、慣れてこないとその気分にはなれないのだそうで、ぼくはそれを味わうことはできなかった。村のカバ・バーは女人禁制なので、ワイフや娘は観光客としていい経験をさせてもらったわけだ。

アフリカにもこれとよく似た飲料があるそうだし、また同じ南太平洋でも、トンガのカバ・パーティはぐっと陽気だそうだから、調べてみたらいろいろおもしろいことがありそうだ。とにかくヴァヌアツではカバ・バーは公認されており、日本のバーと同じく税務署のきびしい監督下におかれているという。因みにぼくの飲んだ一杯の値段は五五とか一〇〇ヴァトゥーだったとか。

着いたときはわからなかったが、帰りに見たタンナ空港にはびっくりした。それは平坦《へいたん》な土地にではなく、なだらかな山の斜面にあるのである。なだらかとはいっても、かなりの起伏があり、山の方に着陸した飛行機は、一度低いところに入って姿を消し、また現われてきて、待っている人々の前で停る、という具合だ。しかも滑走路ではなく、草の茂ったところを走るのである。アフリカなどでよく経験したいわゆるエアストリップはべつとして、こんな「空港」はあまり見たことがない。

観光立国を目指しているヴァヌアツは、じつはタンナにも新しい空港を建設している。ツアーの途中でそれもちゃんと見せてくれた。ホワイトグラスに近い平野に、じつに立派で近代的な空港がもうほとんど完成していた。広い滑走路は海岸までつづき、ジェット機も発着できる。十一月に開港したら、直行便もくるんだと、人々は誇らしげに語った。

ヴァヌアツの人々は色が黒く、アフリカ黒人によく似ている。ぼくはしばしば、なつかしいアフリカにいるような気がして、ついスワヒリ語で語りかけたくなってしまった。男たちの容貌《ようぼう》は一見して怖いくらいだ。ひげなど生やした人はとくにそうである。けれど、じつにやさしくて、気持のいい人たちだった。

そしてタンナの小さな市場でもポートヴィラの市営市場でも見たとおり、ここはイモの文化の土地であった。大きいのから小さいもの、長いもの、丸いもの、いろいろな種類のヤムイモ、タロイモが山と積まれていた。一つの豊かさだと思った。

ハスの季節

彦根城のお濠《ほり》の一部に、ハスの生い茂ったところがある。ふつうのハスとはちがうオニバス（鬼蓮）の仲間だそうで、葉は水面より五〇センチも高く突きだし、それがぎっしり交錯する形で水をおおっている。

夏になると、その葉の間に点々と花が咲く。ふつうのハスよりひとまわり大きな、美しい花である。

お城の濠のハスの花といえば、日本には昔からなじみの風物であろう。ぼくもそう思いながら、ここ何年かの間、お城に近い学長公舎から、少し離れた犬上川沿いの大学へ通ってきた。

その間にぼくは、このハスたちの季節とともに移り変わる姿に、深い驚きを感じるようになった。

春がくると、冬の間じゅう水面に乱雑に見えかくれしていた枯れた葉柄《ようへい》の間から、新しい葉が伸びだしてくる。はじめはここに一つ、あそこに一つ、という具合だったのが、数日のうちに大げさにいえば一面の緑となり、冬の枯れ茎は見えなくなってしまう。

ひと月もすると、若い葉たちは水面から盛り上がり、もう水も見えないくらいに生い茂ってくる。

そして初夏のある日、その葉の間に、最初の花が開く。

そうなったら早い。次々と花の姿はふえていき、あちらにもこちらにも花ばかりだ。だが、やがて花はしぼみ、散る。そのあとにはあのハス独特の実が大きくなってくる。

暑い夏の間、ハスたちはお濠をおおって茂っているだけで、これといった動きも感じられない。濠端に立ってハスを眺めている人もいない。道をせわしなく車が通りすぎていく。けれどその葉かげで、実は着々と大きくなっている。九月ともなると、実は熟し、種子が落ちる。少し疲れてきて、緑の色もしぶくなってきたような葉の茂みには、種子が落ちて穴がぽつぽつあいた、あの「はちす」になった実が、そこここに見られる。

しかしこの光景もほんの少しの間のこと。十月に入ると、ハスの葉も葉柄もたちまちに枯れる。葉はくしゃくしゃになり、葉柄たちが枯れて、あるものは左へ、あるものは右へと傾き、やがて水の中に倒れこんでいくのは淋《さび》しい。ああ、ハスたちの今年も終わってしまったのだな。しみじみそんな気持になってしまう。枯れた葉柄は、傾いたり倒れたりしながら、冬の間じゅう濠の水面をおおっている。林の中の落ち葉のように平らに堆《うずたか》くつもるわけでもなく、朽ちてしまうわけでもない。その姿がよけいいじらしいのである。

このような、何となしに無残な光景が冬の間ずっとつづいている。すっかり枯れてしまった、春になったら無事よみがえってくるだろうか。そんな心配も胸をよぎる。けれど春の到来とともに、無残な枯れ茎の間から、若々しい緑の葉が伸びだしてくる。そして枯れた茎は水の中に沈み、姿を消して、お濠の水面はふたたび元気なハスの葉でおおわれるのである。この植物たちの力には、心の底から畏敬《いけい》の念を禁じえない。

しかしハスは、どうやって季節を知るのだろう？　春の到来といっても、彦根は雪国ではない。一日ごとに雪がとけて、というような状況はない。でもハスはあるときがくると、まだ冬とも春ともつかない中で、ちゃんと若葉を伸ばしてくる。

秋の冬枯れがもっとふしぎだ。十月とはいってもまだ暑いくらい。特に今年はそうだった。もう十月も半ばなのに、秋の気配など感じなかった。しかしある日、ぼくは何本かの茎が枯れはじめているのに気がついた。そして数日もすると、ハスたちはすっかり冬の姿になってしまった。冬姿のハスたちの上に、ほとんど夏と変わらぬ日ざしがさんさんと降りそそいでいるのがふしぎに思えた。

同じようなことはあちこちで目に入ってくる。湖岸道路を車で走っていくと、琵琶湖の岸に沿っていろいろな木が生えている。中には明らかに計画に従って植えられたものも多いけれど、もとのままの林や木立ちと思えるものもある。

十月も末になると、そのような木立の中に、まだ半袖《はんそで》でも暑いくらいの日射《ひざ》しを浴びながら、もう葉を落とし、すっかり冬支度の姿になってしまっている木が何本かかたまって生えているのが目についた。それらの木はみな同じたたずまいの木であるから、同じ種類の木であることは明らかだった。

隣りあって生えているほかの木たちは、まだ葉を広げて少しでも多く秋の日を浴びようとしているのに、その木だけはもう完全に冬姿だ。そういえば去年もおととしもそうだった。別にこの木が弱っているわけではない。毎年、春になったら、活気にあふれた若芽を思いきり開くのだから。

寒さがきたから葉を落としたわけではない。気温はまだ二十度を越えており、夜になったって十五度を切ることはない。そもそもほかの木たちはまだ夏の緑そのままだ。

この木の種類だけにそなわったプログラムのためとしか思えない。一定の季節がきたら、多少暑かろうが暖かかろうが葉を落とすようにプログラムされているのだろう。けれど、植物たちはどうやって季節を知るのだろう？

ロビンソン・クルーソーは無人島に漂着すると、すぐ棒杭《ぼうぐい》に日を刻むことを始めた。さもないと、今日で何日経《た》ったかわからなくなってしまうからである。植物たちはどこに日を刻んでいるのだろう？

生きものたちが時計をもっていることはわかっている。彼らはその時計で一日を計っている。その時計（生物時計）は正確に一日ではなく、概《おおむ》ね一日で一回転するので概日時計《がいじつ》と呼ばれている。

時計はどこかで時刻を合わせねば役に立たない。生物たちはふつう、朝の日の出で時刻を合わせている。けれど一年の季節を計る時計というものがあるのだろうか？

概日時計ではなくて概年時計というものがあるといわれている。生きものたちがもっている、ほぼ一年を計る時計である。湖畔の木もハスもこの時計をもっているにちがいない。でもそれがどんな仕組で動く時計なのか、どうやって合わせる時計なのか、まだ謎《なぞ》に包まれたままである。

ペンギンの泳ぎ

東京の板橋区加賀に極地研究所というのがある。南極・北極関係の研究の総元締めをやっている国立の研究所だ。南極の越冬隊を送りだす事務局もここにある。

十二月の初め、この極地研究所が開催している極域生物シンポジウムというのに出席した。京大時代以来、ぼくも極地の生物の研究に多少関係しているので、毎年参加することにしているのである。

今年のテーマの一つは、マイクロデータロガーによる極域動物の行動の解析という問題だった。

たとえば南極のペンギンの行動は、もうずいぶん前からよく研究されている。一匹一匹にマークをつけ、その動きを記録していく辛抱強い研究によって彼らの生活はかなりよくわかってきた。

けれど彼らが採餌《さいじ》のため海にとびこんでいったら、さあそのあとはどこで何をしているのやら、さっぱりわからなくなってしまう。

そこでデータロガーという装置が使われることになった。水深、水温、垂直方向、水平方向の移動距離などのデータを記録する計器をペンギンの体につけ、採餌を終えて陸に戻ってきたペンギンからそれを回収して、そのデータを解析し、海の中でのペンギンの動きを知ろうというのである。

ペンギンの動きの邪魔にならぬよう、できるだけペンギンの負担にならぬよう、計器(つまりデータロガー)はできる限り小さく軽くしたい。けれどできるだけいろいろなデータをしかも正確にとりたい。こういう相矛盾する要請に応《こた》えるべく、さまざまな工学的技術を駆使して、できるだけ小型のデータロガーの開発が進められてきた。そしてこの十年ほどの間に、「マイクロ」データロガーと呼んでもいいようなものができてきたのである。今年のシンポジウムでは、このマイクロデータロガーを用いた研究の成果が披露されたわけだ。

いずれにせよ、海の中でのペンギンの姿をこの目で見ているわけではない。回収されたデータを解析して、ペンギンの動きを推察しようというのだから、まだるっこしさが伴うのは避けられない。結論的にこうだと言いきることもできない。

けれど幅二センチ、長さ四センチというような、十年前には想像もつかなかったような「マイクロ」データロガーのおかげで、ずいぶんいろいろなことがわかってきた。

たとえばアデリーペンギンは、何百キロも陸地から離れた大海原まで出かけていくらしい。そしてまたもとの海岸に帰ってくるのである。どうやってナビゲートしているか。

潜る深さも百メートルを越えることがあるらしい。いうまでもなく、ペンギンは空気を呼吸する鳥である。そんなに深くまで潜って、どうして息ができるのだろうか？

それほどの深さから彼らは、かなりの速さで海面に上ってくる。人間では潜函病《せんかん》といって、深い水中から急に上昇すると、圧力が急速に低くなるために血液に溶けこんでいた空気が気化してきて、その泡が脳の細い血管をふさいで重大な障害をおこすという。そんなことはペンギンではおこらないのだろうか？

フランス人やアメリカ人、ロシア人もまじえたシンポジウムの参加者、発表者たちが、スライドやＯＨＰで次々に示されるグラフや図表のデータをめぐって専門的な論議を熱心にたたかわせているのを聞きながら、座長役をつとめていたぼくは、ついこのようなことをいろいろと考えてしまった。

中でもいちばん気になったのは、ペンギンたちの「泳ぎ」であった。

ペンギンたちは南極の海の中を泳いで餌《えさ》をとる。自分たちが食べる場合もあれば、陸上で待っているひなたちに持って帰る場合もある。いずれにせよペンギンたちは、海面からダイブして水中深く潜っていき、餌となるオキアミやいくつかの種類の小魚のいる場所をみつけ、そこで（おそらく）縦横に泳ぎまわり、息のつづく限り採餌をして、また海面に泳ぎ上ってくる。

たしかに彼らは海中をみごとに巧みに「泳いで」いる。けれどペンギンは鳥である。彼らの「ひれ」はじつは翼である。その翼を使っている以上、ペンギンはじつは水中を「飛んで」いるのではないか。

魚たちはほんとうに水中を「泳いで」いる。ふつうわれわれは、魚がひれで泳いでいると思っている。けれど実際にはそうではない。魚たちは体を左右に振り、それによって左右に水を押して、その反動の合力で前へ進んでいるのである。

イルカも同じような原理で泳いでいる。ただし、魚ではなくて哺乳類《ほにゅうるい》であるイルカは、魚のように体を左右に強力に振ることができない。だから彼らは体を上下に振る。水泳でいうドルフィン・キックである。

いずれにせよ、魚やイルカはいわば体で泳いでいるのであって、胸びれを動かして泳いでいるわけではない。そして魚の尾びれやイルカの尾が、体の動きを助け、強めているのである。

では胸びれは何をしているのか？　胸びれは体を左右あるいは上下に振るときに、

体がゆらいだりしないよう、平衡を保っているだけだ。

もちろん魚にもいろいろな種類がいる。胸びれの使いかたもさまざまだ。けれど基本的に言えば、胸びれは泳ぐ原動力ではなく、平衡維持の器官なのである。

だがペンギンはどうやら「ひれ」で泳いでいるようにみえる。ペンギンも鳥である以上、胸から腰へかけての体は、上下左右にはほとんど動かせないようにできている。地上を歩いたり、海から岸に跳び上ったりするときのペンギンの姿を見れば、それがわかる。ペンギンはやはり、翼で水中を飛んでいるのだ。

ではペンギンは、ふつうに空を飛ぶ鳥と同じようにして水中を飛ぶのだろうか？

鳥たちが空を飛ぶ原理はいろいろ研究されている。そこにはきわめてむずかしい航空力学の問題があり、それに応じて鳥の翼もじつに精巧にできている。けれどペンギンの翼はそれほど精巧なものとは思えない。それともペンギンは、足で泳いでいるのか？

疑問がいっぱい湧《わ》いてきてしまった。

二月の思い

一年のうちのどの月も、それぞれに感慨の深いものであるが、二月というのはぼくにとっては何か特別な思いを抱かせる月らしいのである。

いつごろから、そしてなぜ、そんな思いをもつようになったのか、考えてみてもよくわからない。

あれはまだ小学校のころだったと思う。食べものが貧しかったせいか、気候が今とちがっていたせいか、とにかく冬はとても寒かった。

日中戦争が進行する中、日に日に戦時色の強まっていく東京からは、華やかさはどんどん失われていって、町は寒々とした雰囲気に包まれていた。

十二月ともなると、目に入る木々はみな冬の枯れ木。道ばたの草もすべて冬枯れて、風の冷たさが身に沁《し》みた。

そんな中で、ぼくはひたすら春がくるのを待っていた。枯れ草の根元を探って、小さな緑の芽はないかと目をこらしたりした。

そんな気持で寒さと冬に耐えながら、ただただ春を待っていたというのが、ぼくの子どものころの冬の記憶である。

二月も末になると、ときどき少し暖かい日があり、そんな日の夜は雨が降った。当時の家は今ほど音が遮断《しゃだん》されていない。夜中にふと目が覚めると、外に降る雨の音が聞こえてきた。それはもはや冬の冷たい氷雨《ひさめ》の音ではなく、春の訪れを告げるもののように聞こえた。去年の秋、小さな庭にいくつか植え込んだチューリップの球根が、この春雨で芽を出して、少しずつ伸びていくさまを、ぼくは寒い部屋のふとんの中で、夢見心地に思い描いていた。それは何か幸せな気持だった。

中学を終えるころ、戦争も終わった。町にはどっと、さまざまな雑誌があふれて出てきた。それらは今からすれば紙も印刷も粗末なものであったけれど、活字に餓《う》えていたぼくらにはたまらない刺激となってくれた。

妹たちが読んでいたある雑誌の中で、ぼくはこんな詩に心をひかれた。「二月になると、林の中で、リスの子たちがゆらゆら眠る」。林の中のどこだかも書いてなかったし、そもそもこんな時期にリスの子どもがいるかどうかもわからなかったが、リスの子たちがゆらゆら眠るということばが、妙にぼくの心をくすぐった。郊外の雑木林の中では、どこかでリスの子たちがゆらゆら眠っているような気がしてきたのである。

成城学園の旧制高校へ進んで一年目だったろうか、とある二月の一日、ぼくは珍しくおだやかな日ざしに誘われて、小田急沿線の成城から京王線の通っているほうへ向かって、野山を歩いてみた。かつて戦争中に住まわせてもらっていた、学校の寮、哲《てつ》士《し》寮の近くにある釣鐘池《つりがね》へいってみようと思ったのである。

釣鐘池は成城の町と祖師谷《そしがや》との間を流れている川の源の一つで、湧《わ》き水によってできた小さな沼であった。池のまわりはずっと湿地になっており、湿地帯特有のハンノキがたくさん生えていた。

そんなところにはだれも来ないから、池のまわりはそれこそ幽邃《ゆうすい》な場所であった。ハンノキの葉も冬には落ちる。葉の落ちたハンノキの林にいってみたら、リスの子たちがどこかでゆらゆら眠っているかもしれない。そんな幻想的な思いにかられて、ぼくはそこを訪れてみようとしたのである。

冬の釣鐘池はほんとうに幻想的であった。風もない静かな二月の午後、そこはしんと静まりかえっていた。詩人ではないぼくには何のことばも浮かんではこなかったけれど、そのまさに幽邃なたたずまいには感動した。

ゆらゆら眠るリスたちの気配もなく、木の小枝を吹く風の音もなかったが、ふと見上げたハンノキの枝に、ぼくはまぎれもない春の息吹《いぶき》を見た。それはハンノキの花であった。

ハンノキの実は知っている人も多かろう。夏から秋になると、長径一センチぐらいの楕円《だえん》形の実が、七つ八つまとまって小枝についている。そのままブローチにして胸元にとめてみたいようなかわいらしい実である。

けれど今、早春というにはあまりに早いこの二月、いうなれば冬のさなかに、ハンノキの枝先に無数に垂れ下がっていたのは、長さ数センチほどの棍棒《こんぼう》状の雄花であった。

夏に実になる雌花は、数個の雄花がまとまって下がっている枝先の根元についており、丸っこい。

ハンノキは木の中でもいわゆる原始的な仲間に属する。花も風媒花であるから、虫を誘う美しい花びらも香りもない。一見、とても花とは思えないが、ぼくは生まれてはじめて見たこのハンノキの花を、これは花だと直感した。手を伸ばして低い枝先の雄花をとり、じっとみつめると、たくさんの小さな花の集まりであることがわかった。そして手のひらの上でたたいてみたら、花粉がこぼれ落ちた。

これはまさに花であった。花粉の落ち方からみて、まさに今満開なのであった。

だれも来ない、チョウもハチもいない、冬の林。しかも木には葉の一枚もない真冬。

この二月がハンノキが花開く春なのである。春の兆《きざ》しを求めていたぼくは、思いもかけぬ春にめぐりあったのであった。

このときの驚きは、今も忘れられずにいる。秋のハイキングで野山へでかけ、ふとハンノキやミヤマハンノキのかわいらしい実をみつけたとき、ぼくはそれが花であった冬の光景を思いだす。

それ以来、冬に対するぼくの気持はまったく変わってしまったような気がする。けれど前々回に書いたハスのように、植物たちはちゃんと季節を知っている。春になると一面に茂って、小さなかわいい花をつけるマメ科の草、スズメノエンドウも、一月にはもうちゃんと芽を出して、人知れず地面に広がっている。初夏の果物であるビワが花をつけるのは十二月の初めである。そろそろ初雪もこようかというとき、高いビワの木のてっぺんで花が満開だとはだれも思うまい。

植物たちは、暖かい寒いなどという表面的なことではなく、概年時計と呼ばれている生物時計によって、ちゃんと季節を計っているのだ。

ヒキガエルの季節

ふと考えてみたら、今ごろはヒキガエルの季節だった。

うす暗くて寒々とした学期末試験の教室で、冷たい手をこすりながら答案用紙に向かっていると、しいんとした中で、どこからかクウクウというような声が聞こえてくる。成城学園の池のヒキガエルたちだった。

残念なことに、正確にはどんな声だったか、もうさだかには思い出せない。何十年も昔のことだからだろう。その後久しく、春先のヒキガエルの声を聞く機会はなくなってしまった。

まだ風も肌寒い二月末ごろ、ヒキガエルたちは冬眠から醒《さ》める。

成城学園の池は、小田急成城学園前駅とその一つ新宿寄りの祖師ヶ谷大蔵駅とのちょうど真ん中あたりで北から南へ線路をよぎる谷にある。池の東側は谷を流れる川とほぼ同じ平面だが、西側はかなりけわしい崖《がけ》になっている。成城学園前駅から北へ広がる成城町の台地の東のへりが、ここで崖となって池と川へ向かって下りてゆくのである。

ヒキガエルたちは秋の終わりごろ、この崖の思い思いの場所でちょっとした凹《くぼ》みをみつけ、そこにもぐりこんで冬をすごすらしい。

冬の間に冬眠中のヒキガエルをみつけようと、崖のあちこちを掘ってみたが、カエルをみつけることはできなかった。けれど春になると、こっちの木の根元、あっちの大きな石の根方に、ぽこっとヒキガエル大の穴ができていて、そこにカエルが冬眠していたことを示していた。

ヒキガエルが冬眠から醒めるのは、地温が摂氏十度に達したときといわれている。立春を過ぎると、太陽の高さが少しずつ高くなってきて、上のほうから地面を照らすようになるので、少しずつ地温が上がってくる。成城の池のカエルたちは、東南向きの崖の斜面で冬を越していたから、地面も早く温まったのかもしれない。とにかく彼らは、まだ寒い二月から三月にかけて、一匹また一匹と崖から現われ、池へ向かって、のっこり、のっこりと歩いていくらしい。

かつてそのあたりにはキツネもタヌキもたくさんいたろうから、春のこの移動は危険だったろう。けれどヒキガエルの皮膚には毒がある。それを知っているキツネやタヌキは、あえてヒキガエルを食べようとはしなかったのだろう。

とにかく池の中に入ってしまえばぐっと安全になる。けれどそこから、熾《し》烈《れつ》な競争が始まるのである。

次々と池にやってくるヒキガエルには、オスもいるしメスもいる。オスはメスとおぼしき大きさのものに出合ったら、やにわにそれに抱きつくようにできている。

それがヒキガエルのメスであればまあ幸せ。うまくいけば、オスはメスの腹を両腕で締めあげ、メスの産卵を促してそれに授精し、自分の子孫を残すことができる。

けれど世の中、そううまくばかりはいかない。抱きついた相手がオスであることだって多いのだ。抱きつかれたオスは「放せ！」というリリース・コールの声をあげる。

メスだってどんなオスでもよいというわけではない。オスはさかんにクウクウ鳴くが、もしかするとメスは、アマガエルその他のカエルと同じく、その声でオスの品定めをしているのかもしれない。そして、まだ若くて頼りないオスは振り切って、もっとよいオスを求めるのかもしれない。

実験によってわかっているとおり、オスがメスに抱きつく抱接行動は、きわめて機械的におこるものらしい。しかるべき大きさのものなら、オスは何にでも抱きつく。運悪く木の板切れに抱きついてしまったオスは不運である。板切れはリリース・コールを発することもなく、振り切って逃げようともしないから、オスはなかなか己れのまちがいに気づかない。

メスに抱きついているオスの背中にまた抱きつくオスもいる。ときにはそのオスの背中にさらにもう一匹が、ということもある。オスはなんとかして自分の下のオスを引き離し、自分がじかにメスに触れようとする。いわゆる蛙合戦《かわず》である。こうなると、クウクウという求愛の声とリリース・コールが入りまじって、池は彼らの声の響きあう騒がしい世界となる。試験中の部屋でぼくらがかつて聞いたのは、この声であったのだ。

いずれにせよ、われわれ人間の世界とは隔絶された、ヒキガエルの懸命の争いである。何も知らずにそれを聞けば、春早い水辺の詩とも聞こえるだろう。けれど当のカエルたちにとっては、それは美しい詩どころではない。

詩であろうと詩ではなかろうと、こういう情景にはもうほとんど出合えなくなってしまった。

その原因は明白である。昔のような、なんだかよくわからぬ池がなくなってしまった。あっちもこっちもきれいにしようとする住民と行政双方の低俗な願望によって、池の水辺はコンクリートで固められた「親水公園」となり、池のまわりの草地は「美しい」芝生に変えられてしまった。こんな池で、ヒキガエルは育たない。卵を産みにすらこないかもしれない。というのは、ヒキガエルは水があればどこにでも卵を産むのではないからである。

昔からいろいろな観察があった。池が二つあった場合、カエルはどっちかの池にばかり卵を産むことがある。かつてあった池を宅地造成などで埋めてしまうと、何年かの間、春先になるとそのあたりにヒキガエルの群れがやってくることもある。

そもそも、獲物をキャッチする以外にはあまり目の利《き》かないヒキガエルが、どうやって池の存在を知るのかもふしぎである。早稲田大学生物学教室の石居進先生たちによると、それはどうも匂《にお》いによるらしいのである。けれど匂いといっても、水そのものの匂いではなく、池の水に含まれたさまざまなものの匂いを、総体として感じとっているようにもみえる。だとすると、池の水が汚れたからといって、やたらにきれいにして、水質を誇るようにすることは、環境保全ではないことになる。

卵を産み終えたヒキガエルたちは、もう一度山の崖に帰り、穴にもぐってもう一度休む。これを春眠という。

春眠をしなかったらどうなるのだろう？　ぼくはよく知らないし、たぶん誰もちゃんと調べてないだろうが、けっしてヒキガエルにとって幸せな事態にはなるまい。冬眠のためだけでなく春眠のためにも、どうということのない山の崖が必要なのである。

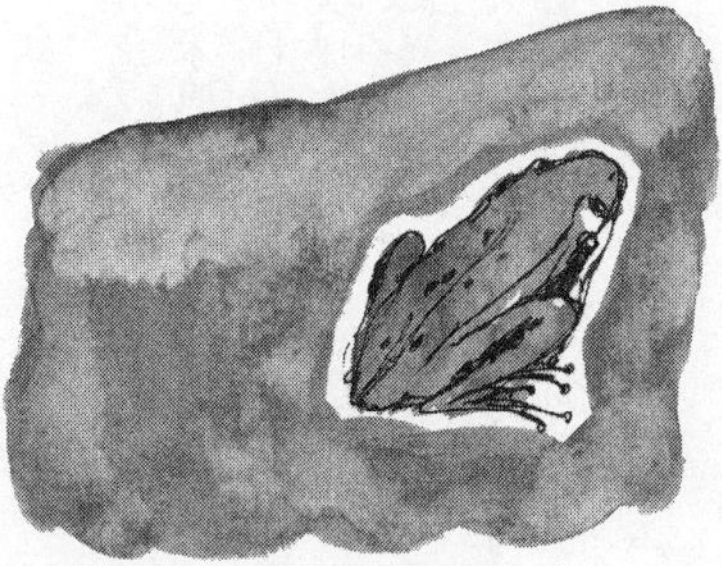

春の数えかた

この冬（一九九九年）、彦根は雪が多かった。五〇センチ近く積もった日もあった。けれどすぐ隣りの米原《まいはら》では、もっと雪が多い。そして米原からもう少し先へいくと、雪で有名な関ヶ原だ。ここは一面にまっ白な雪という日が何日も続いた。

彦根の琵琶湖岸に立って見回すと、広い湖と遠くの山々が見える。その姿が季節によってちがうのは当然だが、年によってもさまざまに異なる。

今年は雪がよく降ったのに、伊吹山はそれほど白くはならなかった。ある年は、平地に雪はほとんど降らなかったのに、伊吹はすっかり雪におおわれ、少し大げさにいえばアルプスかヒマラヤをも思わせる立派な姿になった。そんな年のアルバムを見ると、雪の伊吹を撮った写真がやたらに多い。

琵琶湖の西南側に連なる比良《ひら》の山々も、年によってその姿がさまざまに変わる。比良の高嶺《たかね》に雪は降りつつ、という歌が思わず口をついて出そうなほど、美しくまっ白になった年もあるが、期待に反してさっぱり白くならない年もある。

山や雪はこんなに年ごとに変わるのに、花はほとんど変わらないし、虫たちも変わらない。毎年、春になれば、花はちゃんと咲くし、虫たちも姿を現わす。当り前といえば当り前だが、やはり不思議な思いがする。

人々は「今年は異常ですね」とか、「地球の気候は狂ってしまったようですね」とか無責任にいうが、生きものたちはそうかんたんには変わらないようだ。だから、「サクラの花が狂い咲き」とかいう新聞の記事が、記事としての意味をもつのである。

毎日テレビで気象情報を見ていると、気象というものはなんと目まぐるしく変化するものか。「この暖かさも今日いっぱいで、今夜から大陸の寒気がやってきますので、また冬の寒さに戻るでしょう。しかしそれも一日ほどで、寒気は東方海上に去り、あさってにはまた三月半ばの陽気になるでしょう」。

こんなにくるくる変わる寒暖の波の中で、生きものたちはどうやって春の到来を知るのだろう。

小鳥が日長つまり一日のうちの昼の長さで季節を知ることは、半世紀以上前に実験的に明らかにされた。考えてみればこれはきわめて合理的なことで、だれでも知っているとおり、十二月の冬至には昼の長さがいちばん短い。日本ではほぼ九時間ほどだ。春分と秋分には昼と夜の長さがともに十二時間である。

冬至を過ぎ、一月、二月と暦が進んでいくにつれて、日は長くなっていく。これもだれでも知っていることだ。小鳥たちもそれがわかっている。日の長さは季節の移り変わりのまぎれもない徴《しるし》なのである。

けれど、日長は気温とは関係がない。日の長さからすればもう春なのだが、年によってはまだ寒い日がつづく、ということもある。鳥のように自分で体温を一定に保つことのできる恒温動物ならよいが、虫のような変温動物たちは、こういうときには困るはずだ。

でも、そういう生きものたちも、多少の早い遅いはあるとはいえ、やはり春になれば毎年ほぼ同じ時期にちゃんと姿を現わしてくる。それはなぜか？

昔から知られているのは、温度の積算である。日本のように温帯にある土地だと、冬の間、気温は何日かごとに変化する。いわゆる三寒四温である。つまり三日寒かったらそのあと四日ほど温かい日が続き、また寒さがくるのだ。こんなことをしながら、次第に全体として季節は春になっていく。

生きものたちは、この揺れ動く気温の毎日、毎日に反応するのでなく、それを積算しているというのだ。

それもただの積算ではない。ある一定温度より低い、極端に寒い日には、その温度は数えない。この一定の温度は発育限界温度と呼ばれている。生きものをいろいろな温度で飼って、何日で発育が完了する——たとえば虫の卵が孵《かえ》る、あるいは幼虫がサナギになる——かを調べていくと、温度と発育日数のグラフができる。温度が低くなるにつれて、発育にかかる日数は長くなっていく。そしてある温度でそれが理論的には無限大になってしまう。つまり、この温度以下では、何年待っても発育がおこらないのである。

日本に棲《す》む多くの虫では、この発育限界温度はだいたい摂氏五度から十度の間にある。

そこで虫たちは、こんな「計算」をしている。わかりやすく、この虫の発育限界温度を五度としよう。気温が五度以下の日は、何日あっても計算には加えない。冬のさ中でも、たまたま暖かくて、七度という日があったとしよう。すると、七度から発育限界温度である五度を差し引いた二度が有効温度になる。この二度掛ける一日（二度×一日）がこの虫の発育にとっての有効温量である。

それから二、三日間は五度以下の日がつづき、その後、六度の日が三日あったとしよう。この分は「六引く五」度掛ける三、つまり、一度×三日イコール三日度と積算される。前の二度×一イコール二日度と合わせると、この間の有効温量の「稼ぎ」は五日度となる。三月にもなって気温がずっと上り、九度、十度という日がつづくと、それぞれから五度を引いた四度、五度という有効温度がその日数分だけ積算されていって、有効温量の稼ぎはめきめきと増加していく。このようになると、人々の目には、「梅一輪、一輪ほどの暖かさ」と映るのである。

発育限界温度以上の温度を毎日足し合わせていったこの有効積算温量の総額が一定値（たとえば一八〇日度）を越えたら、卵から孵ったり、サナギからチョウになったりする。三寒四温の冬とはいえ、全体として季節が春に向かっていれば、温量の総和は次第に増えていって、結局のところ毎年ほぼ同じころには一定値に達する。そこで、ああ今年も春になった、と虫は思うのだ。

発育限界温度も有効積算温量の一定値も、生きものの種によってちがっている。それは長い歴史の間に、それぞれの種に固有に定まってきたものだ。

生きものの種がちがえば、春のくる日もちがうのである。

あとがき

一九九五年の四月から六年間、ぼくは新設された滋賀県立大学の学長として、滋賀の彦根で多くの時を過ごすことになった。この本にまとめられた文章は、その前半に書いたものである。

三方を山に囲まれた京都とはちがって、滋賀は遠くまで開けた感じだった。広々と広がる琵琶湖はその時どきに姿を変え、いつも新しい驚きと感動を与えてくれる。はるかに望む伊吹、鈴鹿《すずか》、そして湖のかなたに連なる比良《ひら》、国境《くにざかい》の山々も、季節とともに、太陽や雲の動きとともに、その表情を変えていく。それはじつに新鮮な喜びであった。

その中で書くとつい筆が走る。原稿を送ると、『波』編集部の水藤節子さんから、「今回は五行オーバーしました」、「今回は七行オーバーしました」というコメントのついた校正刷りがくる。彼女の励ましのことばに支えられて仕上げていった毎回であった。

今こうしてまとめて読んでみると、この何年間かの滋賀での日々がたのしく思い出されてくる。忙しかった割にはけっこういろいろなことを考えていたのだな、とも思うし、もっと深く思索をめぐらせたはずなのに、とも思う。

でも、この本ができてぼくはうれしい。水藤さん、そして『ＳＩＮＲＡ』時代の横山正治さん、ありがとう。

二〇〇一年晩秋、京都にて

文庫化にあたってのあとがき

自分の本が文庫化されるとき、人は誰でもある感慨をおぼえるのだろうと思う。とくにこの本のように、毎月書きつづけてきたものが一冊の本にまとめられ、それがさらに文庫版になるというときの感慨は特別なものがある。

それはぼくがこの本に書いた拙《つた》ない文を読んで下さった、そしてこれからも文庫で読んで下さるであろう方々と、今までお世話になってきた方々への深い感謝である。

文庫化にあたっては、ぼくの敬愛する椎名誠さんがすばらしい解説を書いて下さることになった。身に余るほどうれしいことである。ありがとうございました。

この本が読者にとって多少とも意味のあるものであってほしい。

二〇〇四年冬

解説

椎名誠

『本の雑誌』という書評とブックガイドのためのリトルマガジンの編集長を二十五年ほど続けている。小説などを書かなければならない仕事もあるから月刊誌であるその雑誌のすべての編集仕事に携わる余裕はもうなくなっているが、ぼくの担当分野だけは二十五年ずっと続けている。担当とは「自然科学」ものの本である。

その雑誌全体で取り上げる本はどうしてもフィクションが主体になり、人文科学や自然科学もののスペースが少ないので、その方面が好きなぼくが細々とながら担当しているのである。

しかしぼくは学術的な思考の基盤がまったくない単なる野次馬的自然科学ファンであるから、新刊で見つけてくるその分野の本はどうしても自分自身の好みが左右する。

感嘆し好きになる本は、視点が学者のそれではなく「人間の視線」であって、なおかつ専門家としての鋭い分析力があり、さらに文章がうまいもの。

——というような大変贅沢《ぜいたく》な要求をもってしまうのである。

日高敏隆さんの書かれてきた本がまずその代表的なものなのである。そうして二〇〇一年にこの本と書店で出会った。

「なんという上品で綺麗《きれい》な本なのだろう」

と、その時思った。まだ中をぱらぱらやる前だ。

まず全体の雰囲気が優雅である。

仕事柄、書店はしょっちゅう歩いているから新刊の棚は全部みる。本は往々にしていかに強引に読者の目をひくか、という目的のために派手で奇抜と思えるくらいの過剰装丁が多い。とくにミステリーものなどはひと昔前の映画の看板もどきのものもある。

そんなけばけばしい厚化粧の「売らんかな本」のかたまりの中に、この本は「ほわん」として実に優雅にやさしくぼくの目の中にあった。まず題名がやわらかくてセンスがある。さらに装画と装丁がなんと心やさしいことであろうか。こういうのを「うつくしい本」というのだな、と思った。

その月の『本の雑誌』のぼくのページに「七冊の美人本」というタイトルでこの本のことを書いた。ときめくようにして読んだ至福の記憶を紹介した。

この本に書かれていることの多くは著者の見ている日常的な風景とそこからのいくつかの思考の断片である。

しかし自然の風景やそこに息づく生命にたいして日本の第一線にたつ超のつく専門家であるから、思考の断片がひとつひとつ刺激的であり、示唆《しさ》にとんでいる。けれどその深い学識、見識を感じさせないような配慮があって、話はいたって平易に分かりやすく語られていく。

ぼくは日高さんのこうしたエッセイを読むとき、若い頃に寺田寅彦《とらひこ》の科学エッセイをむさぼり読んでいた頃のことを思い出すのだ。この科学者のエッセイも難しいことを平易に書いてくれるので読むたびにいろいろ刺激された。そして人間は生きていく過程で「モノを考えていく」という血のわきたつような体験ができる、ということを教えられたのだ。

日高さんのこの本を読んでいると日本がこのやみくもな経済成長の過程で失ったものがあまりに多すぎたことを知らされ、暗澹《あんたん》たる思いに沈む。けれどそうではあってもわずかに残された里山や、都市の小さな公園や、無意味で無思慮な開発郊外の片隅に、きちんと遺伝子を継承して、いくつもの小さな生命が息づいていることを教えられ、いささかの安堵《あんど》を胸にすることができるのである。

すべての動物や昆虫の行動には「意味と目的」がある、ということをぼくはこの『春の数えかた』というやわらかい題名の本の中で改めて新鮮な思いでいくつも学習することができた。

いたるところでそんな刺激を受けたが、とくに花と虫のところで、何故《なぜ》花は同じ高さのところに花をつけるのか、という疑問の回答が虫の効率的な蜜《みつ》採集のために植物のほうがその手伝いをしているのだ、と書いてあるので仰天した。

ぼくも世界のフィールドでいろんな花を見て考えることがあるのだが、虫に対して花のほうがそんなに恭順でいいのだろうか、という疑問を持ったのだ。けれどどうやらそれは「花たちの性」にその秘密があるらしいとわかってきた。同性や異性などといったものとも基本概念の違う、いわば人間と異星人と言ってもいいくらいにかけはなれた、別の生命たちとの性の闘争が、私たちのこんな身ぢかなところで行われている、ということに驚愕《きょうがく》したのでもある。

ものを見てよく考える、という生物学者の思考の原点を垣間見るようで恐れ入るしかなかった。

かと思うと著者はいきなり「スリッパ」についても言及しておられる。日本人が日常的に使っているスリッパは実は世界のヨソの国では滅多に見ることがない、ということはぼくも気になっていた。スリッパはある意味では清潔を保つものではあるが、安宿などにものすごくくたびれた見るからに不潔そうな、もう五万人ぐらいの人々の水虫《ミズムシ》がびっしりはびこっているのではないかと思えるようなものすごいやつが並んでいると、スリッパ文化の国の不幸と悲しみ、といったものを感じるのだ。

そんなことを悲しんでいるのはぼくだけかな、と思っていたらこんなに高名な生物学者も考えてくれているのだ、ということを知って実に嬉《うれ》しくなったのである。

ぼくは日高先生の訳したエドワード・ホールの『かくれた次元』を座右の銘にしている。この動物行動学の古典を何度も読むことによって動物や虫などの不思議な行動をあちこちで目にするたびにモノゴトを自分なりに考える、という思考の訓練をおしえられたのである。

それ以来、日高先生の名に親しみを抱き、これまで日高先生のたずさわった殆《ほとん》どの訳書や著書を読んできた。そしてこの『春の数えかた』は動物や虫や植物への興味だけでなく、人間として生きることの喜びを確認できるすぐれた人生の思考の書という「かしこい美人」の本でもある、ということを確信したのである。

（平成十六年十二月、作家）

この作品は平成十三年十二月新潮社より刊行された。

日高敏隆著

ネコはどうして わがままか

生き物たちの動きは、不思議に満ちています。さて、イヌは忠実なのにネコはわがままなのはなぜ？　ネコにはネコの事情があるのです。

平松洋子著

おいしい日常

おいしいごはんのためならば。小さな工夫から愛用の調味料、各地の美味探求まで、舌が悦ぶ極上の日々を大公開。

平松洋子著

焼き餃子と名画座

—わたしの東京　味歩き—

どじょう鍋、ハイボール、カレー、それと……。あの老舗から町の小さな実力店まで。山の手も下町も笑顔で歩く「読む味散歩」。

黒川伊保子著

恋愛脳

—男心と女心は、なぜこうもすれ違うのか—

男脳と女脳は感じ方が違う。それを理解すれば、恋の達人になれる。最先端の脳科学とAIの知識を駆使して探る男女の機微。

黒川伊保子著

夫婦脳

—夫心と妻心は、なぜこうも相容れないのか—

繰り返される夫婦のすれ違いは、男女の脳のしくみのせいだった！　脳科学とことばの研究者がパートナーたちへ贈る応援エッセイ。

柳田邦男著

言葉の力、生きる力

たまたま出会ったひとつの言葉が、魂を揺さぶり、絶望を希望に変えることがある——日本語が持つ豊饒さを呼び覚ますエッセイ集。

阿川佐和子著

オドオドの頃を過ぎても

大胆に見えて実はとんでもない小心者。そんなサワコの素顔が覗くインタビューと書評に、幼い日の想いも加えた瑞々しいエッセイ集。

阿川佐和子著

残るは食欲

季節外れのローストチキン。深夜に食すホヤ。とりあえずのビール……。食欲全開、今日も幸せ。食欲こそが人生だ。極上の食エッセイ。

阿川佐和子ほか著

ああ、恥ずかし

こんなことまでバラしちゃって、いいの⁉女性ばかり70人の著名人が思い切って明かした、あの失敗、この後悔。文庫オリジナル。

夏樹静子著

心療内科を訪ねて
―心が痛み、心が治す―

原因不明の様々な症状に苦しむ人々に取材し、大反響のルポルタージュ。腰痛、肩こり、不眠……の原因は、あなた自身かもしれない。

夏樹静子著

腰痛放浪記 椅子がこわい

苦しみ抜き、死までを考えた闘病の果ての信じられない劇的な結末。3年越しの腰痛は、指一本触れられずに完治した。感動の闘病記。

中島義道著

働くことがイヤな人のための本

「仕事とは何だろうか?」「人はなぜ働かなければならないのか?」生きがいを見出せない人たちに贈る、哲学者からのメッセージ。

嵐山光三郎著
文人悪食
漱石のビスケット、鷗外の握り飯から、太宰の鮭缶、三島のステーキに至るまで、食生活を知れば、文士たちの秘密が見えてくる――。

嵐山光三郎著
芭蕉という修羅
イベントプロデューサーにして水道工事監督、そして幕府隠密。欲望の修羅を生きた「俳聖」芭蕉の生々しい人間像を描く決定版評伝。

養老孟司
隈研吾 著
日本人はどう住まうべきか？
大震災と津波、原発問題、高齢化と限界集落、地域格差……二十一世紀の日本人を幸せにする住まいのありかたを考える、贅沢対談集。

野地秩嘉著
サービスの達人たち
―おもてなしの神―
銀座の寿司屋を切り盛りする女子親方、癒しのレクサスオペレーター、大繁盛の立ち食いそば屋の店主……。10人のプロ、感動の接客。

千松信也著
ぼくは猟師になった
山をまわり、シカ、イノシシの気配を探る。ワナにかける。捌いて、食う。33歳のワナ猟師が京都の山から見つめた生と自然の記録。

西村淳著
面白南極料理人
第38次越冬隊として8人の仲間と暮した抱腹絶倒の毎日を、詳細に、いい加減に報告する南極日記。日本でも役立つ南極料理レシピ付。

金田一春彦著
ことばの歳時記

深い学識とユニークな発想で、四季折々のことばの背後にひろがる日本人の生活と感情、歴史と民俗を広い視野で捉えた異色歳時記。

深田久弥著
日本百名山
読売文学賞受賞

旧い歴史をもち、文学に謳われ、独自の風格をそなえた名峰百座。そのすべての山頂を窮めた著者が、山々の特徴と美しさを語る名著。

堀 辰雄著
大和路・信濃路

旅の感動を率直に綴る「大和路」「信濃路」など、堀文学を理解するための重要な鍵であり、その思索と文学的成長を示すエッセイと小品。

星野道夫著
イニュニック〔生命〕
—アラスカの原野を旅する—

壮大な自然と野生動物の姿、そこに暮らす人人との心の交流を、美しい文章と写真で綴る。アラスカのすべてを愛した著者の生命の記録。

星野道夫著
ノーザンライツ

ノーザンライツとは、アラスカの空に輝くオーロラのことである。その光を愛し続けて逝った著者の渾身の遺作。カラー写真多数収録。

中村うさぎ著
私という病

男に欲情されたい、男に絶望していても——いかなる制裁も省みず、矛盾した女の自尊心に肉体ごと挑む、作家のデリヘル嬢体験記！

新潮文庫最新刊

宮本輝著
野の春
—流転の海 第九部—
完成まで37年。全九巻四千五百頁。松坂熊吾一家を中心に数百人を超える人間模様を描き、生の荘厳さを捉えた奇蹟の大河小説、完結編。

堀井憲一郎著
流転の海読本
宮本輝畢生の大作「流転の海」精読の手助けに、系図、地図、主要人物紹介、各巻あらすじ、年表、人物相関図を揃えた完全ガイド。

村田沙耶香著
地球星人
あの日私たちは誓った。なにがあってもいきのびること——。芥川賞受賞作『コンビニ人間』を凌駕する驚愕をもたらす、衝撃的傑作。

藤田宜永著
愛さずにはいられない
'60年代後半。母親との確執を抱えた高校生の芳郎は、運命の女、由美子に出会い、彼女との愛と性にのめり込んでいく。自伝的長編。

町田そのこ著
夜空に泳ぐチョコレートグラミー
R-18文学賞大賞受賞
大胆な仕掛けに満ちた「カメルーンの青い魚」他、どんな場所でも生きると決めた人々の強さをしなやかに描く五編の連作短編集。

奥田亜希子著
リバース&リバース
ティーン誌編集者・禄と、地方在住の愛読者・郁美。出会うはずのない人生が交差するとき、明かされる真実とは。新時代の青春小説。

新潮文庫最新刊

竹宮ゆゆこ著
心が折れた夜のプレイリスト
元カノと窓。最高に可愛い女の子とラーメン。そして……。笑って泣ける、ふしぎな日常をエモーショナル全開で綴る、最旬青春小説。

瀬尾　順著
死に至る恋は嘘から始まる
「一週間だけ、彼女になってあげる」自称・人魚の美少女転校生・刹那《せつな》と、心を閉ざし続ける永遠《とわ》。嘘から始まる苦くて甘い恋の物語。

野口　卓著
からくり写楽
—蔦屋重三郎、最後の賭け—
謎の絵師を、さらなる謎で包んでしまえ——。前代未聞の密談から「写楽」は始まった！江戸を丸ごと騙しきる痛快傑作時代小説。

向田邦子著
碓井広義編
少しぐらいの嘘は大目に
—向田邦子の言葉—
没後40年——今なお愛され続ける向田邦子の全ドラマ・エッセイ・小説作品から名言・名ゼリフをセレクト。一生、隣に置いて下さい。

松本　創著
軌道
—福知山線脱線事故　JR西日本を変えた闘い—
講談社本田靖春ノンフィクション賞受賞
「責任追及は横に置く。一緒にやらないか」。事故で家族を失った男が、欠陥を抱える巨大組織JR西日本を変えるための闘いに挑む。

長谷川晶一著
オレたちのプロ野球ニュース
—野球報道に革命を起こした者たち—
多くのプロ野球ファンに愛された伝説の番組「プロ野球ニュース」。関係者の証言をもとに、誕生から地上波撤退までを追うドキュメント。

新潮文庫最新刊

黒田龍之助著
物語を忘れた外国語
『犬神家の一族』を英語で楽しみ、『細雪』のロシア人一家を探偵ばりに推理。言語学者にして名エッセイストが外国語の扉を開く。

P・プルマン
大久保寛訳
ダーク・マテリアルズI
黄金の羅針盤（上・下）
カーネギー賞・ガーディアン賞受賞
好奇心旺盛でうそをつくのが得意な11歳の少女・ライラ。動物の姿をした守護精霊《ダイモン》と生きる世界から始まる超傑作冒険ファンタジー！

H・ジェイムズ
小川高義訳
デイジー・ミラー
わたし、いろんな人とお付き合いしてます――。自由奔放な美女に惹かれる慎み深い青年の恋。ジェイムズ畢生の名作が待望の新訳。

天童荒太著
ペインレス
上 私の痛みを抱いて
下 あなたの愛を殺して
心に痛みを感じない医師、万浬。爆弾テロで痛覚を失った森悟。究極の恋愛小説にして――最もスリリングな医学サスペンス！

桜木紫乃著
ふたりぐらし
四十歳の夫と、三十五歳の妻。将来の見えない生活を重ね、夫婦が夫婦になっていく――。夫と妻の視点を交互に綴る、連作短編集。

西村京太郎著
富山地方鉄道殺人事件
姿を消した若手官僚の行方を追う女性新聞記者が、黒部峡谷を走るトロッコ列車の終点で殺された。事件を追う十津川警部は黒部へ。

春《はる》の数《かぞ》えかた

新潮文庫　ひ－21－1

平成十七年二月一日発行
令和三年四月十五日十五刷

著者　日《ひ》高《だか》敏《とし》隆《たか》

発行者　佐藤隆信

発行所　株式会社新潮社

郵便番号　一六二―八七一一
東京都新宿区矢来町七一
電話　編集部(〇三)三二六六―五四四〇
読者係(〇三)三二六六―五一一一
http://www.shinchosha.co.jp

価格はカバーに表示してあります。

乱丁・落丁本は、ご面倒ですが小社読者係宛ご送付ください。送料小社負担にてお取替えいたします。

印刷・大日本印刷株式会社　製本・加藤製本株式会社

© Kikuko Hidaka 2001 Printed in Japan

ISBN978-4-10-116471-7 C0195